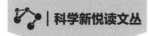

科学新悦读文丛

# 你不可不知 的 宇宙奥秘

[日] 渡部润一 ◎著　康爱馨 ◎译

人民邮电出版社
北京

# 版 权 声 明

# 内 容 提 要

地球生物的共同祖先曾生活在哪里？月海里真的有水吗？太空电梯真的可以建成吗？为什么水星很热、火星很冷？恩惠之母太阳是在燃烧自己吗？……本书以十分简明的语言，配以大量插图，向读者展示了宇宙的全貌。宇宙中有 1000 亿个以上的星系，银河系中有 2000 亿颗左右的恒星，太阳系距离银河系的中心约有 2.8 万光年，而地球又占有太阳系小小的一隅，那么我们在哪里呢？我们又是如何渺小呢？

# 序言

当看到电视里时不时播放的与宇宙相关的新闻时，相信不少人会很感兴趣吧？随着探测技术的日益进步，天文学、天体物理学、行星科学等取得了惊人的发展，人类对宇宙的了解已经到了过去不曾想象到的地步。不断出现的宇宙新发现让相关的报道也多了起来，日食、月食、流星群等天文现象也成了新闻里的常客。宇航员的积极探索推动了人们进一步了解宇宙。

最近，"超级月亮"这样的新词变得十分流行。当你看到这条新闻时，是否不由得抬头仰望天空了呢？虽然人们很容易对这样的新闻产生兴趣，但要说特意去买一本书看看，又觉得晦涩难懂，所以很多人望而却步。书店里有关宇宙主题的书架上往往摆放着很多看起来非常厚、内容又很难懂的书，让人拿起来又只能再放回去。本书是专为这类读者而设计的。

本书以天文学和宇宙科学的研究现状为基础，大胆地去掉了细枝末节的部分，提炼出能激发人们兴趣的主题，配以大量插图，将宇宙全貌呈献给各位读者。书中涉及近50个话题，比如我们居住的地球的演变历程、我们的邻居月球之谜、地球的伙伴——各大行星的真实面貌、组成星座的恒星、银河系、宇宙论等，几乎覆盖了天文学的所有领域。

希望你通过阅读本书，可以感受到日新月异的天文学的趣味与魅力，亲近这依然充满着奥秘的宇宙。

# 我们的太阳系

太阳

水星

金星

地球

火星

木星

※ 此图仅用来表示太阳系内的行星，其大小比例与轨道大小等与实际数值不一致。

海王星

天王星

土星

包括地球在内的八大行星围绕太阳运转，并
与数不清的卫星、矮行星、小行星、彗星、
行星际物质等天体共同组成了太阳系。
就像我们人类具有生命一样，太阳也会经历
成长和衰弱，最终迎来生命的终点。
毋庸置疑，数十亿年后的太阳系将会是另一
番光景。

**美国国家航空航天局／喷气推进实验室**

目前人们普遍认为，宇宙是从
"无"中诞生的。从"无"进入
宇宙的暴胀期，再经过大爆炸，
共历时 138 亿年才演变成现在的
宇宙形态。

星系

体积较小的星系
相互碰撞，结合
成更大的星系

未来　　　现在

太阳系诞生　　　原始星系诞生

约 138 亿年　　　92 亿年　　　100 万年～10 亿年

# 从宇宙诞生到现在

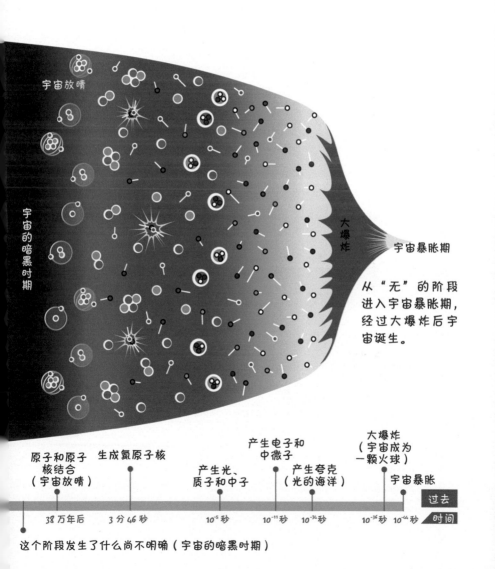

从"无"的阶段进入宇宙暴胀期，经过大爆炸后宇宙诞生。

宇宙放晴

宇宙的暗黑时期

大爆炸

宇宙暴胀期

| 原子和原子核结合（宇宙放晴） | 生成氦原子核 | | 产生光、质子和中子 | 产生电子和中微子 | 产生夸克（光的海洋） | 大爆炸（宇宙成为一颗火球） | 宇宙暴胀 | 过去 |
|---|---|---|---|---|---|---|---|---|
| 38万年后 | 3分46秒 | | $10^{-5}$秒 | $10^{-11}$秒 | $10^{-36}$秒 | $10^{-36}$秒 | $10^{-44}$秒 | 时间 |

这个阶段发生了什么尚不明确（宇宙的暗黑时期）

# 目　录

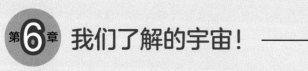

第**6**章　我们了解的宇宙！ ——————— 117

# 第 1 章

# 地球的诞生与未来

# 01 地球在宇宙中的哪个位置？

地球在宇宙的一个角落里，位于银河系的边缘地带

　　我们居住的地球围绕太阳旋转。太阳与地球等 8 颗行星和许多卫星共同组成了太阳系这个集团。太阳系又位于被称为"天空之河"的银河系之中，距离星系的中心约有 2.8 万光年。

　　我们经常理所当然地认为地球是宇宙的中心，但事实上，宇宙没有中心和边界。据说，宇宙中存在着 1000 亿个以上的星系，而银河系只是其中之一，我们所在的太阳系位于银河系的边缘地带。

　　银河系由 2000 亿颗左右的恒星和被称为星际气体的物质组成。它的形状像是把两顶草帽面对面粘在一起，中间凸出来的部分叫作核球，主要成分是恒星和气体等物质，内部有一个巨大的黑洞。这顶"草帽"的帽檐部分叫作银盘。银河系的银盘呈旋涡状，核球呈棒状，所以银河系属于棒旋星系。把整个银河系包围起来的巨大又稀薄的球状区域叫作银晕，那里分布着球状星团。包裹着银晕的则是"暗物质"。

　　现在我们已经知道，银河系的直径约为 10 万光年，核球的厚度约为 1 万光年，银盘的厚度约为 1000 光年。

# "天空之河"银河系

## 银河系的横切图

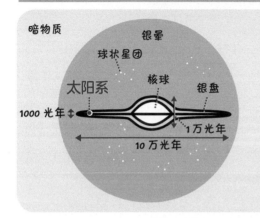

暗物质
银晕
球状星团
核球
银盘
太阳系
1000 光年
1 万光年
10 万光年

宇宙中不存在上下左右，但如果我们把银河系当作一个模型，从侧面进行观察，就会看到左图所示的形状。可以看到太阳系位于银河系的边缘地带。

## 银河系的俯视图

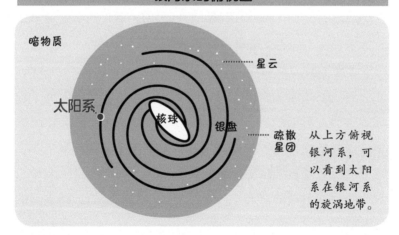

暗物质
星云
太阳系
核球
银盘
疏散星团

从上方俯视银河系，可以看到太阳系在银河系的旋涡地带。

---

**术语解释**

- 星系：恒星或行星、气体状物质、尘埃、暗物质等受引力作用聚集在一起后形成的巨大天体。根据形状可以将其分为椭圆星系、透镜状星系、棒旋星系、不规则星系等。
- 光年：长度单位，1 光年约为 $9.5 \times 10^{12}$ 千米。
- 暗物质：拥有质量，对周围的物质会产生引力作用，但不能被现在的任何电磁波观测到的物质的总称。

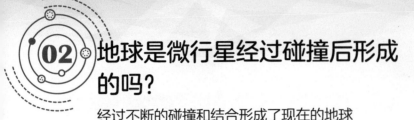

# 地球是微行星经过碰撞后形成的吗？

## 经过不断的碰撞和结合形成了现在的地球

大约在 46 亿年前，年轻的原始太阳周围分布着由气体和尘埃组成的许多原始行星盘，其中一些微行星开始相互碰撞、结合，地球诞生的故事便从这里开始。

微行星在相互碰撞并结合后体积变大，引力加强，可以将距离更远的微行星吸引过来，逐渐形成原始地球。此时的地球成长得比火星和金星还要大，而这是决定地球未来演化之路的关键一步。以火星为例，火星的质量只有地球的 1/10 左右，引力较小导致大气流失到宇宙当中，使得火星表面的平均温度只有零下 40 摄氏度。也就是说，我们这些生命体是否能够生存，行星的质量大小非常重要。

加速成长的原始地球的表面不断熔化，最终形成岩浆洋。随着岩浆不断熔化深层岩石，质量较重的铁逐渐汇聚到了地球的中心，形成地核；而较轻的岩石成分则移动到地核的周围，形成地幔。随着地核和地幔等地球内部结构的形成，地幔对流以及覆盖地球的磁场也逐渐形成。微行星上的水和二氧化碳在岩浆洋的高温下不断蒸发，形成了覆盖地球表面的大气层。

# 地球的演变过程

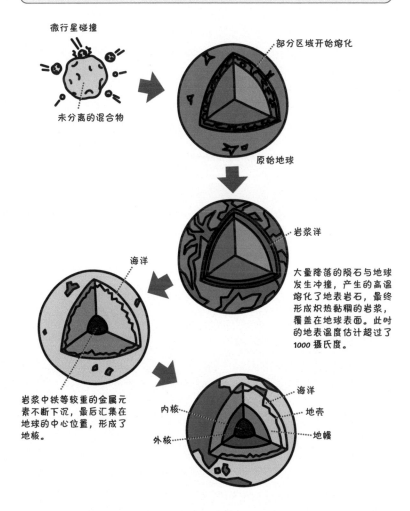

微行星碰撞

未分离的混合物

部分区域开始熔化

原始地球

岩浆洋

大量降落的陨石与地球
发生冲撞，产生的高温
熔化了地表岩石，最终
形成炽热黏稠的岩浆，
覆盖在地球表面。此时
的地表温度估计超过了
1000 摄氏度。

海洋

岩浆中铁等较重的金属元
素不断下沉，最后汇集在
地球的中心位置，形成了
地核。

内核

外核

海洋

地壳

地幔

从微行星碰撞到初具原始地球的基本形态，至少需要 100 万年，最长为
1 亿年。此后，原始地球逐渐变大，成为现在的地球。

-------------------------------------------------

**术语解释**

● 微行星：存在于行星系的早期生成阶段，直径约为 10 千米的较小天体。

# ⓪③ 是大碰撞决定了地球的命运吗？

## 多亏有行星大碰撞，地球才得以避免被水淹没

大约在 45 亿年前，原始地球上发生了一个重大事件。一直以来，原始地球与微行星发生碰撞和结合被认为是一件家常便饭的事。但是有一天，一个这些微行星不可比拟的巨大天体（原始行星）撞击了原始地球。这个天体的大小与现在的火星相当。人们把这起大事件称为大碰撞。

在发生大碰撞后，该天体的碎片和被撞飞的部分原始地球一起绕着地球旋转，并结合在了一起，月球由此诞生。我们将在第 2 章中详细介绍这个假说（"大碰撞"假说）。发生大碰撞后，原始地球上的大部分水蒸气都飞散到了宇宙当中，地表上的水经历了一次干涸。那么，现在地球上的水又是从哪里来的呢？据说，这些水是在此之后与地球发生撞击的大量陨石携带来的。如果没有这次巨大的碰撞，那么原始地球上的水就不会减少，再加上随后由陨石带来的水，整个地球将成为一片汪洋。

月球诞生后，月球与地球之间的引力使地球的自转轴得以固定，地球上的气候也变得稳定。在月球出现之前，地球以 8 小时的自转周期进行着极速自转，那时的地球是一个狂风呼啸不宁、骇浪翻涌不绝的混沌世界。

# 大碰撞假说

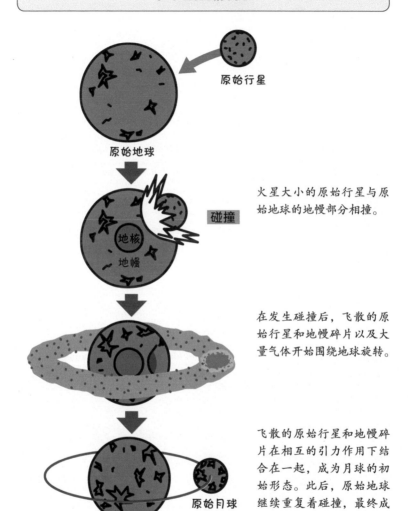

原始行星

原始地球

碰撞

地核
地幔

火星大小的原始行星与原始地球的地幔部分相撞。

在发生碰撞后，飞散的原始行星和地幔碎片以及大量气体开始围绕地球旋转。

飞散的原始行星和地幔碎片在相互的引力作用下结合在一起，成为月球的初始形态。此后，原始地球继续重复着碰撞，最终成长为现在的地球。

原始月球

原始地球

1975 年，美国亚利桑那大学行星科学研究所的唐·达韦斯和威廉·哈特曼提出了"大碰撞假说"，地球和月球之间的关系由此得以明确。

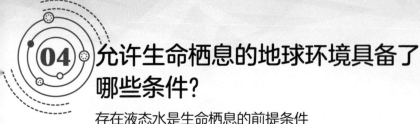

# 04 允许生命栖息的地球环境具备了哪些条件？

## 存在液态水是生命栖息的前提条件

在第 16 页中我们讲到，地球内部形成了地核和地幔，地球表面被海洋、大气和磁场所覆盖。正是这些在 38 亿年前就已经形成的环境系统，让地球成功地孕育出了生命。

熔化的铁汇聚在地球中心形成了地核，地核的运动产生电流，形成了地球磁场。地球磁场可以保护地球生物免受太阳风的侵害。顺便解释一下，现在的地球内部由固态铁的内核和液态铁的外核构成，外核中液态铁的流动保证了地球磁场的存在。

那时的大气中含有大量的二氧化碳等温室气体，所以地球表面的水才没有结冰，得以以液态形式存在。事实上，存在液态水是生命栖息所不可或缺的必要条件。

海洋在赤道附近受到太阳光照射后升温，向低温的两极地区流动并输送热量，通过这样的方式，热量通过海洋被带到了地球的各个角落。地幔在地核的加热下，像温泉水一样沸腾上升后又冷却下降，缓慢重复着对流运动，此时在"热液喷口"（参见第 25 页）附近诞生了相当于生命起源的物质。地幔的对流运动还塑造了地表大陆。

这些要素交织在一起，最终让地球成了"生命的摇篮"。

# 地球上的地幔对流

## 太古时期的地幔对流

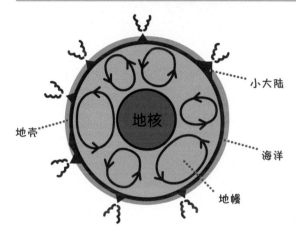

小大陆

地核

地壳

海洋

地幔

在太古时期，地幔层在地核的高温加热下像温泉水一样沸腾上升，然后冷却下降，缓慢进行着对流运动。

## 现在的地幔对流

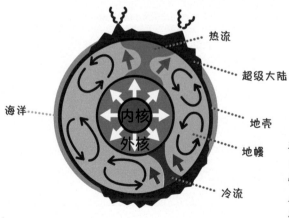

热流

超级大陆

内核

外核

海洋

地壳

地幔

冷流

现在的地球内部由内核、外核和地幔层构成。地幔层中发生着热流和冷流的对流运动。

------

**术语解释**

• 地球磁场：在地球周围形成的磁场，与由巨大磁石产生的磁场非常相似。

# 05 为什么地球成了一颗有生命的行星？

## 地球与太阳之间的绝妙距离孕育出了生命

在我们人类目前已知的范围内，地球是全宇宙中唯一一个充满着生命的天体。这里提及的生命不仅指那些拥有智力的高等生物，还包括细菌等微小生物。要想成为有生命的行星，最重要的条件就是"存在液态水"。生命若要存活下去，就需要发生各种各样的化学反应，而液态水有一个独特的性质，就是含有氢键。氢键可以将水分子缓慢地结合在一起，为维持生命活动的化学反应提供场所。

放眼太阳系内，只有地球表面被丰富的水所覆盖，这就是地球被称为"水的星球"的原因。在标准大气压下，水只有在 0 摄氏度到 100 摄氏度之间时才能以液态形式存在。而地球与太阳之间的绝妙距离让地球拥有了适宜的温度条件。金星离太阳比地球更近，导致地表温度较高，水就不能以液态形式存在。而在地球外侧进行公转的火星，地表上的水早已结成冰。

就像这样，当行星位于恒星周围的一定距离范围内时，水可以以液态形式存在，这个范围叫作"宜居带"。当我们在太阳系内表示距离时，把地球和太阳之间的距离（约 1.5 亿千米）定义为 1 天文单位。太阳系的宜居带大约在 0.7 天文单位（金星的公转轨道）和 1.5 天文单位（火星的公转轨道）之间。

# 太阳系的宜居带

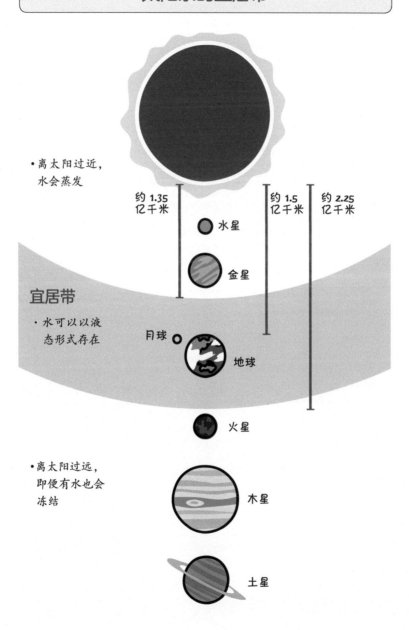

- 离太阳过近，水会蒸发

约1.35亿千米

约1.5亿千米

约2.25亿千米

水星

金星

## 宜居带

- 水可以以液态形式存在

月球

地球

火星

- 离太阳过远，即便有水也会冻结

木星

土星

# 06 地球生物的共同祖先曾生活在哪里？

地球生物的共同祖先曾生活在海底的热液喷口里

大约在 35 亿年前，在漆黑一片的深海里，无数的孔喷发着黑色的污浊热液，这就是热液喷口。这是由于沿海底的裂隙向下渗流的海水在受到岩浆加热后喷涌而出，其温度超过 300 摄氏度。从热液喷口喷出的热液从地下带来了硫化氢、甲烷和二氧化碳等容易发生化学反应的物质，这些物质可以为生物供能。目前有关生物基因的研究还表明，那些被认为与共同祖先相接近的微生物，大多都喜欢热液环境，有些微生物甚至可以在沸水里安然无恙。所以，我们认为在早期的地球上，地球生物的共同祖先生活在热液喷口里，因为这里可以为生物提供食物。

不过，在高达 300 摄氏度的热液环境中，像 DNA 或蛋白质这种复杂的有机物是不可能生成的。相关研究发现，热液喷口的周围常常有一些孔会流出温度较低的"温水"。所以，有可能是在这些孔中发生了生成复杂有机物的化学反应。

关于最早的生命是在什么时候、在哪里以及如何诞生的，目前依然存在很多未知的问题。简单的化合物一下子进化为拥有复杂结构的细胞，这简直令人难以想象。但不可否认的是，曾经在地球的某一个角落里诞生了第一个生命，所以也就有了后来的我们。真希望这些未解的谜题都能逐一找到答案。

# 热液喷口的原理

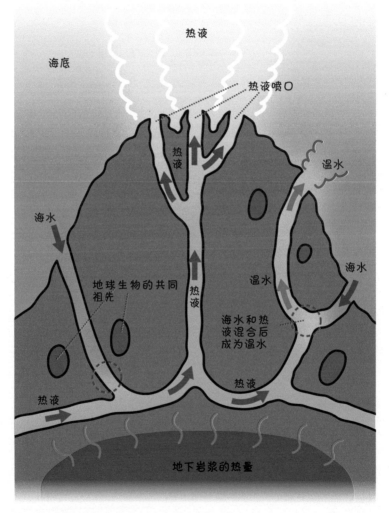

海水渗入到海底数千米深处，流过位于岩浆上层的高温玄武岩时被加热升温。此时，热液和玄武岩之间发生着各种化学反应，生成氢离子、硫离子、甲烷、二氧化碳、金属离子等物质。热液带着这些物质向上流动，最终从海底的热液喷口处喷涌而出。

# 07 地球表面曾被冰层覆盖，这是真的吗？

## 二氧化碳是地球结冰的关键要素

在 22.2 亿年前、7 亿年前和 6 亿年前，地球上曾出现过严峻的冰川时期，那时的地表被厚度约为 1000 米的冰层所覆盖。这就是"雪球地球假说"，该假说正逐渐得到人们的认可。导致地球结冰的契机是大气中二氧化碳的减少。

随着超级大陆的分裂，新的海洋开始出现。海洋通过侵蚀陆地，不断扩大自身的面积。海洋里的水化为雨水并吸收二氧化碳，成为酸雨。酸雨降落在岩石上，溶解出其中的钙，最终形成碳酸钙后堆积到海洋里。就这样，大气中的二氧化碳逐渐减少。

但是，二氧化碳作为温室气体，有着给地球保温的作用，所以二氧化碳的急剧减少使气温骤降，大陆冰川便开始从两级地区向赤道蔓延。白色的冰层比海水反射更多的太阳能，使气温进一步下降，最终导致了全球冰冻的局面。

那么，冰冻的地球又是如何重新回暖的呢？虽然地球表面被完全冻住了，但是地球内部有着绝对不会降温的液态金属核（即地核）。地核的热量一点点地加热海洋，抑制了冰川的蔓延。此外，火山的爆发打破了冰层，并在保护了微生物的同时，持续喷出二氧化碳让地球升温。

## 什么是"雪球地球"假说?

### 1 二氧化碳的减少减弱了温室效应

大气中的二氧化碳、甲烷和云层可以防止地表热量向外流失，发挥温室效应的作用。但是由于某种原因，大气中的二氧化碳减少，导致温室效应减弱。

### 2 冰冻从北极和南极开始蔓延

从北极和南极开始蔓延的冰层甚至覆盖了地球最温暖的赤道地区，当时陆地上的冰层厚度达 3000 米，水下冰层达 1000 米。随着冰层覆盖整个地球，地球上的温度不断下降。

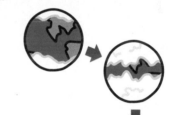

● 生物曾生活在深海和海底火山之中

在受地热影响没有被冰冻的深海地区，以及持续着喷发活动的海底火山中，细菌等微生物得以生存。

雪球地球
（全球冰冻）

### 3 海底火山喷出的二氧化碳融化了冰层

虽然地球成了"雪球"，但海底火山依然持续喷出二氧化碳。由于二氧化碳不能被冰层吸收，所以都跑到了大气当中，温室效应一点一点得到了恢复。就这样，地表的冰层逐渐融化了。

# 08 地球最终会如何灭亡？

地球上的生物将在 25 亿年后面临毁灭

最后，我们来说一说地球的未来吧。

掌握地球命运的其实是太阳。太阳的寿命被认为是 100 亿年左右，再过约 50 亿年，太阳就会进入临终阶段。到那时，太阳会变成一颗红巨星（参见第 70 页）。随着膨胀，太阳的表面积逐渐变大，产生更多的光和热，释放出更多的能量。这有可能会导致太阳系中的行星被剥去大气，或被吹跑，等等。当然，地球的温度也会上升。大气中的水蒸气不断增加，二氧化碳不断减少，最终不仅是植物，连动物也将无法生存下去。

人们预计在 25 亿年后，地球上的温度将超过 100 摄氏度，所有物种都将灭绝。而且当太阳膨胀到现在的 200 倍时，地球将会被太阳吞噬。不过，由于我们还不是很了解太阳的内部结构，所以现阶段很难预测太阳今后的演变。实际上也有人认为，地球并不会被太阳吞噬。

此外，人们认为银河系终有一天也会与仙女星系发生碰撞并结合。通过电脑的模拟，这两个星系将在 40 亿年后发生碰撞，再经过 20 亿年的时间进行结合。如果两个星系是正面相撞的，那么将结合成一个巨大的椭圆星系。不过，由于星系内星球之间的距离非常遥远，所以即便星系之间发生了碰撞，也不会导致星球相互碰撞。

## 地球末期预测图

太阳将在未来的
50 亿年里保持
现状

60 亿年后，太阳的亮
度将是现在的 2 倍

随着太阳产生
更多的光能和
热能，地球上
的温度将超过
100 摄氏度。

光能、热能等辐射
能量也会增加

太阳将膨胀到现在
的 200 倍以上

太阳急剧膨胀，大小将
超过现在的 200 倍，
最后吞噬地球。

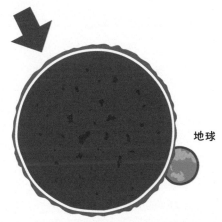

地球

# 捕捉到来自约 1.3 亿光年外的引力波！

2017 年 10 月，全球多国科学家同时宣布，人类首次检测到了两个中子星合体时产生的引力波。

当一个比太阳大好几倍的天体走到生命的终点时，会发生巨大的爆炸，爆炸后形成的便是中子星。像中子星这类质量较重的天体在运动时，受自身的引力作用，会产生像波纹一样扩散开来的"空间扭曲"现象，这就叫引力波。

继首次观测到引力波后，日本、美国及欧洲一些国家的天文台分别用光捕捉到了中子星相互结合时发出的引力波，它位于远在 1.3 亿光年外的长蛇座星系NGC4993。这是史上首次通过引力波和光捕捉到了引力波的源头，建立了天文学新时代的里程碑。在观测中还发现，中子星合体时会生成大量比铁更重的金、铂等元素，这将帮助我们研究宇宙中元素的合成过程。

在此之前，人们已经观测到了 4 次黑洞之间相互结合时产生的引力波。首次观测到是在 2016 年，当时，两个质量分别是太阳的 26 倍和 36 倍的黑洞在 13 亿光年外结合，产生了相当于 3 个太阳质量的能量，其中部分能量以引力波的形式到达了地球。为这次观测做出贡献的研究者们在 2017 年获得了诺贝尔物理学奖。

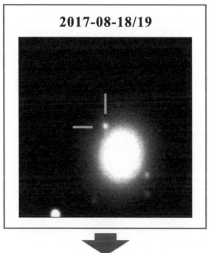

**2017-08-18/19**

**2017-08-24/25**

日本国家天文台/名古屋大学

这是日本引力波观测团队拍摄到的引力波源的消光现象，上图是 2017 年 8 月 18 日和 19 日的情况，下图是同月 24 日和 25 日的情况。中子星合体时会发生 "R－过程"，即生成富含中子且比铁更重的元素。新生成的元素在发生放射性衰变时会释放出电磁波（千新星）。引力波在千新星的影响下消光会先发出强光，然后逐渐变暗。

# 发现离太阳系最近的"类地行星"！

在南边的天空上有一个被称为半人马座阿尔法星的三星系，它由 3 颗恒星组成，与太阳系之间的距离为 4.24 光年，是离太阳系最近的恒星。在浩瀚无边的宇宙里，4.24 光年可以说是非常近的距离了。

2016 年的夏天，人们在其中一颗恒星比邻星的周围发现了一颗围绕它旋转的行星，这颗行星叫"比邻星 b"。比邻星的英文名称"Proxima Centauri"源自拉丁语，意思是"距离半人马座最近的恒星"，所以它的行星比邻星 b 可以说是离太阳系最近的行星了。

早在 1996 年就有人猜测，在比邻星周围或许存在着大小为木星的 10 倍的行星，但一直以来都没有得到证实。直到近几年，随着观测技术的不断进步和大型天文学研究项目的开展，人们才开始着手证实这颗行星是否存在。

比邻星 b 的质量约为地球的 1.3 倍，距离比邻星约 750 万千米，公转周期约为 11.2 天。比邻星 b 令人关注的一个特征是，其表面温度较为适宜，水可以以液态形式存在。也就是说，这里有可能存在地外生命。

# 第 2 章

## 近邻天体，月球之谜

# 09 月球和地球是一对兄弟吗？

## 行星与地球发生巨大撞击后诞生了月球

月球的直径约为地球的 1/4。事实上，在太阳系中再也找不出第二颗与环绕的行星的体积比如此巨大的卫星了。木星卫星的体积大约是木星的 1/27，火星卫星的体积大约是火星的 1/310。至于月球为什么这么大，目前尚无定论。

长期以来，人们一直在探究月球的起源。下面是 3 个主要的假说。

● 亲子假说（分裂说）：刚刚诞生的地球高速自转，在离心力的作用下将赤道附近的一部分甩了出去。

● 兄弟假说（同源说）：在微行星相互结合生成地球时，同样的气体和尘埃形成了月球。

● 外人假说（俘获说）：在其他地方单独形成的微行星被地球的引力所捕获。

但是，无论哪一个假说都留有疑问。比如，通过计算发现，微行星的自转速度并没有快到可以将表层部分分裂出去（亲子假说）；地球和月球的内部结构完全不同，这非常不合理（兄弟假说）；吸引一个重量超过自己 1/81 的天体是非常困难的（外人假说），等等。

此时出现的另一个假说便是大碰撞假说（参见第 19 页），由唐·达韦斯和威廉·哈特曼在 1975 年提出。假设月球是在行星和地球碰撞后诞生的，那么天体碰撞后的碎片和被撞飞的原始地球的地幔层成了月球的主要部分，这样也就能解释为什么月球上几乎没有金属核心。该假说与电脑的模拟结果也一致，所以大碰撞假说被认为是目前最有说服力的假说。

## 大碰撞假说出现之前的 3 个假说

### ● 亲子假说（分裂说）

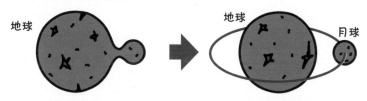

原始地球温度较高，形态柔软，自转速度比现在更快。在离心力的作用下，位于赤道附近的一部分被甩了出去。

被甩出去的部分逐渐变圆，形成月球。

### ● 兄弟假说（同源说）

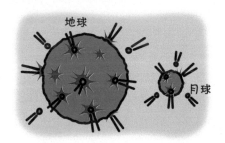

在由微行星生成地球时，同样的气体和尘埃构成了月球。

### ● 外人假说（俘获说）

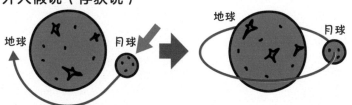

在其他地方单独形成的月球，偶然进入了地球周围的公转轨道。

月球被地球的引力捕获，成了地球的卫星。

---

**术语解释**

• 卫星：围绕行星、矮行星或小行星进行公转的天然天体。

# 10 如果没有月球，地球会是什么样？

## 高速自转的地球环境严酷，生命难以生存

地球和月球在引力作用下彼此吸引，两者互相旋转时还会产生离心力，在离心力和引力的共同作用下，地球上产生了大海的满潮和干潮。这就叫潮汐力。纵观太阳系内的行星和卫星，只有地球和月球对彼此会产生如此明显的影响。

如果没有月球，不仅不会发生海洋的满潮和干潮，而且地球有可能不会演变成一颗拥有生命的行星。月球的潮汐力可以降低地球的自转速度，如果没有月球，地球将会以 8 小时的自转周期进行极速自转，无论是陆地还是海洋，都将处于大风暴的状态之中。即便成功诞生了生命，也难以想象实现如人类一般的演化历程。

月球的引力还把地球的自转轴固定在了一定的角度。地球自转轴的倾斜度是 23.4 度，围绕太阳的公转周期为 1 年。地球的自转轴就算只偏移 1 度，也会导致不可预测的后果。如果没有月球，地球的自转轴就会进行不规则的运动，地球上将发生大规模的气候异变。所以，正是月球这颗独一无二的卫星让地球诞生了生命。

月球是离我们最近的天体。过去，人们通过观察月球的盈亏来制作历法，民间还会口口相传有关月亮的故事。在阿波罗计划成功实现人类登月的那一刻，月球终于从故事中走出来，成为我们身边真实的存在。

# 潮汐力的作用原理

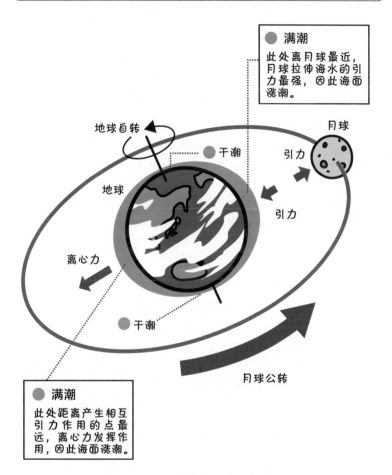

● 满潮
此处离月球最近，月球拉伸海水的引力最强，因此海面涨潮。

月球

引力

地球自转

干潮

地球

引力

离心力

干潮

月球公转

● 满潮
此处距离产生相互引力作用的点最远，离心力发挥作用，因此海面涨潮。

地球和月球互相拉扯，这股力量引起海水发生干潮和满潮。

# ⑪ 月球正在远离地球吗?

## 月球正以每年 3 厘米的速度远离地球

月球的公转轨道呈椭圆形，距离地球最远的距离约为 40 万千米，最近时约为 36 万千米。超级月亮指的就是月球在离地球最近时出现的满月，它的直径看起来比离地球较远时的满月大了 15%。

让我们说回月球正在远离地球这件事吧。月球确实正在以每年 3 厘米的速度远离地球。与此同时，地球的自转速度和月球的公转速度也在随之逐渐减小。月球刚刚诞生时，地球自转一周只要 8 小时，但后来地球的自转速度随着月球的逐渐远离而下降。现在，地球的自转周期约为 24 小时，未来这一周期将会变得更长。

事实上，人们已经大致猜测到了逐渐远去的月球最终会变成什么样。从地球上看去，月球会在一个固定的位置上重复着盈亏。到那时，地球的自转周期将达到 47 天，约 1300 小时（因地球的自转周期变长，所以一天将长于 24 小时）。

但这些是 100 亿～ 200 亿年之后的事情了。月球在 100 年的时间里只会移动 3 米，所以至少在我们还活着的时候，不会发生很大的变化。当然，或许会在遥远的未来对人类和其他所有地球生物带来深远的影响，但这些变化都是缓慢发生的，所以地球上的生命体会在适应变化的同时，持续进行演化。

# 月球和地球之间的距离

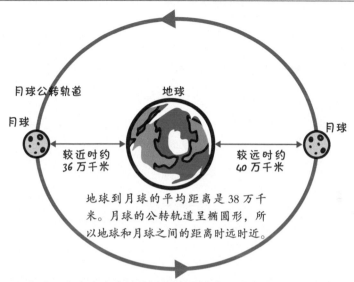

月球公转轨道

地球

月球

月球

较近时约
36 万千米

较远时约
40 万千米

地球到月球的平均距离是 38 万千米。月球的公转轨道呈椭圆形，所以地球和月球之间的距离时远时近。

满月大小比较

参考图

2017年 最大满月 12月4日0点47分

视直径* 33分 22 角秒

2017年 最小满月 6月9日22点10分

视直径* 29分 24 角秒

* 视直径根据地月距离（从地球中心到月球中心的距离）算出。

日本国家天文台 天文信息中心

比较2017年最大满月和最小满月，虽然是同一个满月，大小却是如此不同。

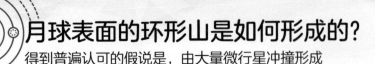

# 12 月球表面的环形山是如何形成的?

得到普遍认可的假说是，由大量微行星冲撞形成

月球表面的照片上会有一些圆形的洼地，那便是环形山。首先发现环形山的是伽利略，他是一位家喻户晓的物理学家，此外他还作为天文学家留下了很多成果。1609 年，他在用自制的望远镜观察月球时，发现月球表面存在许多山和洼地，它并不像水晶球那样是一个光滑的球体。

那么，月球表面的环形山到底是如何形成的呢? 主要有两个假说。一个假说认为这是火山口，而另一个假说认为这是被天体冲撞后形成的。直到美国通过阿波罗计划对月球实施了实际探测后，这场争论才有了一个结果。研究人员对从月球带回的岩石进行分析后，发现岩石上有明显的剧烈冲撞过的痕迹，这成了证实月球撞击说的铁证。

当天体以超声速撞击月球表面时，产生的冲击波和热量会熔化月球表面。熔化区域的四周会向上隆起，而内部则凝固成平坦的地面。月球上的环形山数量多达数万个，这些环形山的大小跟撞击而来的天体的质量和撞击的速度有关。有的环形山直径超过 200 千米，有的却只有几千米。根据调查，在高原地区有很多环形山，那里的地质是 40 亿年前的古老地质。人们由此推测，在 40 亿年前到 38 亿年前之间，曾有无数天体猛烈地撞击月球，形成了这些环形山。

# 月球上较大环形山的形成过程

微行星（陨石）撞击月球表面。

冲击波熔化四周

微行星熔化，产生的
冲击波将四周熔化。

边缘隆起，内部凝固后变平，形成
环形山。

## ● 月球表面的环形山

这是 1969 年阿波罗 11 号在
月球轨道上拍摄到的代达罗
斯环形山。代达罗斯位于月
球背面的正中央，直径约为
93 千米，深度约为 3 千米。
人们计划未来在这里放置巨
型射电望远镜。

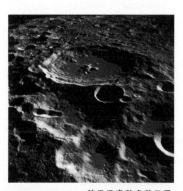

美国国家航空航天局

# 13 月海里有水吗？

虽然名字里有"海"，却是没有水的海

通过望远镜观察月球，会发现月球上存在一些黑暗、宽广、平坦的区域，看起来十分像海平面，人们将这些区域称为月海。那么，这些"海洋"里有水吗？原始地球时期，无数微行星冲撞地球并带来了水，理应也为月球带去了水。但是，当人类对月球进行探测后，并没有在月球表面发现水。

月球上几乎没有大气，所以一天的温差巨大。白天受太阳光照射时，温度可以高达 100 摄氏度；到了夜晚，温度会下降到零下 170 摄氏度。在这样的环境中，水不可能以液态形式存在。即便有水，也会从固态冰直接升华成水蒸气。那么，月球上的这些"海洋"是怎么形成的呢？

巨大的天体撞击在了有许多环形山聚集的区域，使地表下的地幔物质喷涌而出，流出的熔岩填充了洼地，冷却凝固后成了"海洋"。由于熔岩的主要成分是黑色玄武岩，所以海洋看起来比较暗。

月球表面存在着许多大小不一的"海洋"。面积最大的"风暴洋"直径超过 2500 千米，而月球的直径是 3500 千米，两者一对比就知道它是多么巨大了。人们会为月海起不同的名字来加以区分。

# 月海的形成过程

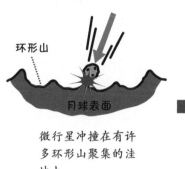

环形山

月球表面

微行星冲撞在有许多环形山聚集的洼地上。

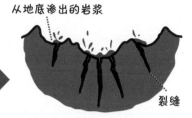

从地底渗出的岩浆

裂缝

被微行星冲撞后，洼地出现裂缝，地底的岩浆从裂缝中渗出。

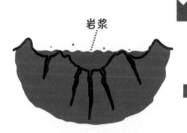

岩浆

从地底渗出的岩浆填充了洼地。

冷却凝固的玄武岩

岩浆化为熔岩后填充洼地，使之成为低洼平原，最终岩浆凝固成黑色的玄武岩。

## ● 月海

这是位于月球西侧的巨大月海"风暴洋"，其直径超过 2500 千米。

美国国家航空航天局

# 14 阿波罗真的登月了吗？

这甚至一度成为都市传说……但它真的登月了！

## 美苏太空竞赛的成果

从 1957 年左右开始，当时处于冷战时期的美国和苏联围绕太空探索展开了非常激烈的竞争。苏联在月球探测方面先发制人，于 1959 年率先发射了月球探测器"月球 1 号"，开始了"月球计划"。该计划成功实现了人造物的首次登月、月球背面的首次拍摄以及首次软着陆等。另外，美国在 1969 年启动"游骑兵计划"开始反击，当年就发射了 9 个月球探测器。随后，美国又开始了对月球的载人探测计划，也就是"阿波罗计划"。

1969 年 7 月 20 日，阿波罗 11 号成功实现了载人登月，让人类在月球上留下了第一个脚印。此后一直到 1972 年，共成功实现了 6 次载人登月，并带回了共计 400 千克的土壤和岩石。此外，还在月球上设置了实验设备和观测仪器，使人类对月球的科学研究向前迈出了一大步。

然而对于这些巨大的成果，却出现了一个引起媒体热议的说法——"阿波罗计划阴谋论"。有人认为阿波罗计划是美国制造的一场骗局，人类根本就没有到达过月球。他们提出怀疑："月球上明明不存在大气，星条旗却在随风飘扬""天上没有星星"等。其实，星条旗飘扬是因为宇航员把旗插进地面时旗杆晃动，再加上月球上是真空，不存在空气阻力，因此比在地球上更容易飘动。照片中没有星星是因为当时在

# 美苏月球探测竞赛年表（1959年—1972年）

| | | | | |
|---|---|---|---|---|
| 1959年 | 9月12日 | 月球2号 | 苏联 | 撞击"晴海"（1959/09/14） |
| 1959年 | 10月4日 | 月球3号 | 苏联 | 到达月球附近，成功拍摄月球背面 |
| 1963年 | 4月2日 | 月球4号 | 苏联 | 到达离月球8500千米的位置 |
| 1966年 | 1月31日 | 月球9号 | 苏联 | 着陆月球"风暴洋"（1966/02/03） |
| 1966年 | 5月30日 | 勘测者1号 | 美国 | 着陆月球"风暴洋"（1966/06/02） |
| 1966年 | 12月21日 | 月球13号 | 苏联 | 着陆月球"风暴洋"（1966/12/24） |
| 1967年 | 4月17日 | 勘测者3号 | 美国 | 着陆月球"风暴洋"（1967/04/19） |
| 1967年 | 9月8日 | 勘测者5号 | 美国 | 着陆月球"静海"（1967/09/11） |
| 1967年 | 11月7日 | 勘测者6号 | 美国 | 着陆月球"中央湾"（1967/11/10） |
| 1968年 | 1月7日 | 勘测者7号 | 美国 | 着陆月球"第谷环形山"（1968/01/10） |
| 1968年 | 9月14日 | 探测器5号 | 苏联 | 载动物绕月1周后返回地球 |
| 1968年 | 11月10日 | 探测器6号 | 苏联 | 绕月1周后返回地球 |
| 1968年 | 12月21日 | 阿波罗8号 | 美国 | 载人绕月1周后返回地球 |
| 1969年 | 5月18日 | 阿波罗10号 | 美国 | 载人绕月1周后返回地球 |
| 1969年 | 7月16日 | 阿波罗11号 | 美国 | 载人登月"静海"（1969/07/20） |
| 1969年 | 8月7日 | 探测器7号 | 苏联 | 绕月一周后返回地球 |
| 1969年 | 11月14日 | 阿波罗12号 | 美国 | 载人登月"风暴洋"（1969/11/19） |
| 1970年 | 4月11日 | 阿波罗13号 | 美国 | 发生事故，载人绕月一周后返回地球 |
| 1970年 | 9月12日 | 月球16号 | 苏联 | 登月（1970/09/20），回收样本（无人） |
| 1970年 | 10月20日 | 探测器8号 | 苏联 | 绕月一周后返回地球 |
| 1970年 | 11月10日 | 月球17号 | 苏联 | 登月"雨海"（1970/11/15），使用月球车1号（无人漫游车） |
| 1971年 | 1月31日 | 阿波罗14号 | 美国 | 载人登月"弗拉·毛罗高地"（1971/02/05） |
| 1971年 | 7月26日 | 阿波罗15号 | 美国 | 载人登月"亚平宁山脉"和"哈德利月溪"之间（1971/07/30），使用漫游车 |
| 1972年 | 2月14日 | 月球20号 | 苏联 | 登月"丰富海"（1972/02/21），回收样本（无人） |
| 1972年 | 4月16日 | 阿波罗16号 | 美国 | 载人登月"笛卡儿高地"南部（1972/04/21），使用漫游车 |
| 1972年 | 12月7日 | 阿波罗17号 | 美国 | 载人登月"陶拉斯-利特罗峡谷"（1972/12/11），使用漫游车 |

摘选自"月球探测报道站"

上面的年表是从苏联1959年发射"月球2号"到美国最后发射"阿波罗17号"为止的美苏月球探测年表。从中可以看出，美国和苏联在月球探测领域的角逐相当激烈。这场美苏太空竞赛丰富了我们对月球的认识。

月球上是白天，月球表面会反射太阳光，拍摄人员将曝光对准在了反光的月球表面，所以照片中才没有星星。

## 阿波罗从月球带回来的"土特产"坐实月球起源

现在我们换一个角度，举几个能证明阿波罗确实到达了月球的铁证。

当时，阿波罗宇宙飞船在全世界的注目下发射升空，全球各地的通信天线、雷达、光学望远镜都在时刻追踪着阿波罗宇宙飞船。很难想象在如此众目睽睽之下，美国还能成功制造骗局。此外，阿波罗宇宙飞船从月球带回来的矿物中不含任何水分，这直接将大碰撞假说（参见第 18 ~ 19 页）推向了最具说服力的假说。

苏联也用无人探测器从月球表面收集了矿物。所以，如果苏联真的对阿波罗计划有所质疑，就不会对阿波罗飞船带回来的月球矿物保持沉默。其实，苏联也制造了大型宇宙飞船，筹备了载人登月计划，但是在发射实验中连续 4 次发射失败，该计划不得不以失败告终。

此外，美国通过阿波罗计划，在月球表面分 3 次设置了激光反射器。只要在地球上向反射器照射激光，测量激光的返回时间，就能计算出地球和月球之间的距离，且计算结果可以精确到厘米。只需一个具备一定输出功率的激光振荡器，无论是谁都可以轻松地实施这个实验。

2008 年 5 月，日本发射的月球探测器"辉夜"在月球表面"雨海"的哈德利月溪成功拍摄到阿波罗 15 号降落时的喷射痕迹。

# 阿波罗拍摄的月球表面的照片

美国国家航空航天局

← 拍摄于 1969 年。搭乘阿波罗 11 号的宇航员进行舱外活动（EVA）时，在月球表面留下的脚印。该图是放大后的照片。可以看出月球表面是柔软的沙地。

拍摄于 1969 年。搭乘阿波罗 11 号的宇航员小埃德温·尤金·奥尔德林将美国国旗插在了月球表面。影像中的国旗飘动成了产生"阿波罗阴谋论"的契机。 →

美国国家航空航天局

美国国家航空航天局

← 这是月球模组"天使"，它载着实现人类首次登月的阿波罗 11 号的宇航员，着陆在了月海"静海"。

# 15 月球有哪些方面吸引着人类?

## 月球或许是解决地球能源问题的关键

1972 年 12 月，美国在最后一次发射阿波罗 17 号后结束了"阿波罗计划"，在其后的 40 多年里再没有人类登月，但这并不是因为月球不再对人类具有吸引力。

月球对人类的吸引力首先体现在能源及资源方面。地球上存在着氦-3 这种物质，其总量只有一般氦气的 100 万分之一，而目前估计在月球上分布着数十万吨的氦-3。氦-3 是一种比一般的氦原子更轻的稳定性同位素，它可以充当核反应堆的燃料。据说，1 万吨的氦-3 就可以满足人类 100 年的能源需求。如果能够开发一种技术，在月球表面利用氦-3 进行发电，再将产生的电转换成激光输送回地球，那么我们就能获得安全且庞大的能源。

除了氦-3，月球上还蕴藏着丰富的铝、钛、铁等物质。如果能在月球上把这些物质提炼出来，就还能制造出一些有利用价值的材料。

接下来，我们看看如何利用仅为地球的 1/6 的月球引力。由于月球的引力较小，如果种植蔬菜，或许能种出比地球上更大的蔬菜。此外在娱乐方面，还可以让人们享受"引力逃脱"等冒险旅程。

以人类目前的技术发展水平，完全能够在月球表面建立基地。为了使人类能够永远地繁衍下去，月球或许将是我们的第一个踏脚石，而这一切或许在不远的将来就能实现。

1972 年 12 月 12 日，搭乘阿波罗 17 号的地质学家哈里森·施密特正从月球表面采集样本。

## 月球基地参考图

随着阿波罗 11 号的成功登月，在月球表面建立基地一度成为人们热议的话题，但没多久这一构想便被搁置。从 2000 年左右开始，各国重新燃起了建立月球基地的希望。或许在不久的将来，我们就会使用到氦-3 等月球矿物资源。

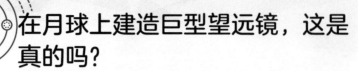

# 16 在月球上建造巨型望远镜，这是真的吗？

## 只要达成几个条件，就有可能在月球表面建立天文台

月球不仅可以为人类带来一些实际利益，而且在科学方面有着不可估量的价值。这么说是因为，月球的自身环境可以为包括天文学在内的各种科学研究提供有利的场所。

假如我们要在月球上进行天文学研究，那么月球环境具有以下几个好处。首先，月球上没有磁场，因此不存在电离层。其次，月球可以阻挡来自地球的人工电磁波，所以背对地球的一面电磁波较弱，那里是建立射电望远镜的理想场所。最重要的是，月球上没有大气，其他星球发出的光在到达月球的途中不会被吸收或者散射，因此在那里建立光学望远镜可以最大化其利用价值。

月球上的引力只有地球的1/6，不存在风吹雨打，所以可以用简单的结构建造体形巨大的望远镜，这样还可以降低运行成本。月球的黑夜长达14天左右，较长的自转周期允许我们进行持续的观测。此外，月球地壳稳定，我们还可以在环形山里铺满金属板来建造直径达数十千米的抛物面天线。

不过，实现这一切的前提是先在月球表面建立好基地，可以顺畅自如地搬运设备和操作天文台。只要达成这些条件并建立起"月表天文台"，人类对宇宙的认识将会更进一步。

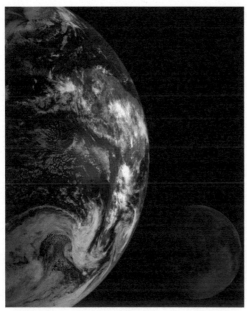

作为离地球最近的星球，月球不仅能够为我们提供丰富的资源，其科学研究方面的价值同样让人产生浓厚的兴趣。

美国国家航空航天局／喷气推进实验室／美国地质勘探局

月球是一个远比地球更适合进行天文观测的星球。研究人员提出了"月表天文台"构想，计划在月球背面建立射电望远镜。

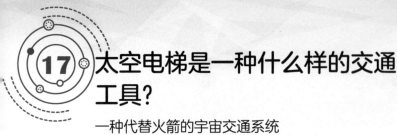

# 17 太空电梯是一种什么样的交通工具?

### 一种代替火箭的宇宙交通系统

在现今的宇宙开发工程中,主要的开发对象是火箭,但为了进一步缩短宇宙与人类的距离,我们需要一个能够代替火箭的新宇宙交通系统。备受瞩目的便是"太空电梯"(轨道电梯)。或许人们会觉得这只存在于科幻世界中,但是在1991年成功开发出强度为钢铁的20倍的纳米材料"纳米碳管"之后,太空电梯的构想加速了进程。按照日本大林组的计划,预计在2050年就能实现这一构想。

那么,什么是太空电梯呢?首先,用于气象观测的卫星被发射到赤道上空约3.6万千米的高度,然后以与地球自转相同的速度围绕地球旋转。它相对于地球是静止的,所以我们称它为静止卫星。这些静止卫星就是太空电梯的太空站。用纳米碳管制造的电缆把静止卫星与地面相连,在电缆上再装上电梯,这样就能与地面进行往来。与火箭相比,太空电梯的优点在于不易坠落或爆炸,危险系数较低,而且也不会产生大气污染。

虽然太空电梯尚处于构想阶段,但若一旦建成,人类对宇宙的探索必定会有飞跃性的进步,而我们也就有机会去拜访月球和其他更多的天体了。

# 太空电梯的参考图

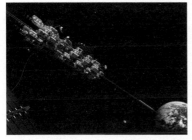

← **大林组构思的太空电梯参考图**

从漂浮在海面上的地球站乘坐太空电梯前往 3.6 万千米高的静止轨道空间站。大林组预计在 2050 年实现这一构想。

构想：大林组

## ● 大林组的太空电梯结构图

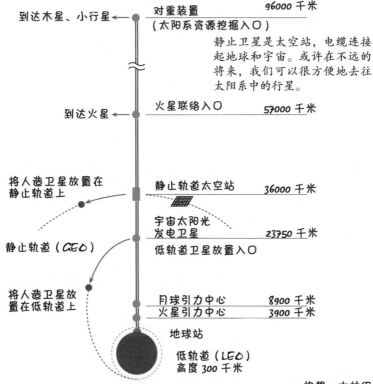

到达木星、小行星 ← 对重装置　　　　96000 千米
（太阳系资源挖掘入口）

静止卫星是太空站，电缆连接起地球和宇宙。或许在不远的将来，我们可以很方便地去往太阳系中的行星。

到达火星 ← 火星联络入口　　57000 千米

将人造卫星放置在静止轨道上　静止轨道太空站　36000 千米

宇宙太阳光发电卫星　　23750 千米

静止轨道（GEO）　低轨道卫星放置入口

将人造卫星放置在低轨道上

月球引力中心　8900 千米
火星引力中心　3900 千米

地球站

低轨道（LEO）高度 300 千米

构想：大林组

# 史上最大小行星携两颗卫星接近地球！

　　2017 年 9 月 1 日，一颗小行星来到了距离地球仅有 700 万千米的地方。这颗行星的名字叫作佛罗伦斯，取自 19 世纪英国著名的护士佛罗伦斯·南丁格尔的名字。佛罗伦斯小行星是在 1980 年 3 月被澳大利亚天文台发现的，而上一次发现近地小行星是在 1890 年。

　　佛罗伦斯这一次的来访，让人们观测到其直径约为 4.5 千米。6500 万年前导致恐龙灭绝的陨石的直径约为 10 千米，而佛罗伦斯大约是它的一半。如果它与地球发生碰撞，必定将给地球带来巨大的伤害。此外，佛罗伦斯还携带着两颗卫星，它们的直径均为 100 ~ 300 米。其中，位于内侧的卫星的公转周期是 8 小时，位于外侧的卫星的公转周期是 22 ~ 27 小时。

　　迄今为止，虽然约有 60 颗小行星接近过地球，但在美国国家航空航天局的观测历史中，这是第一次观测到如此庞大的近地小行星。不仅如此，它还携带了两颗卫星，而上一次发现携带卫星的小行星是在 2009 年年初，当时观测到的是"1994CC"。

这是佛罗伦斯小行星（左图）和它的运行轨道（下图）。佛罗伦斯到达的位置距离地球只有700万千米，相当于地月距离的18倍。这个距离非常近，近到用小望远镜就可以观测到它。

美国国家航空航天局／喷气推进实验室

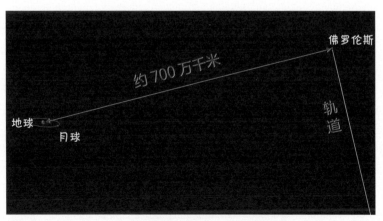

佛罗伦斯

约700万千米

地球

月球

轨道

美国国家航空航天局／喷气推进实验室／空间科学研究所

# 土星的卫星"土卫二"或许存在生命？！

　　2015 年 10 月，美国国家航空航天局的土星探测器"卡西尼"执行了一项颇为有趣的任务。它在土星的其中一颗卫星"土卫二"上穿过了像间歇泉一样喷水的水柱并采集了样本。经过分析发现，样本中居然存在盐分、有机分子、氨分子和氢分子，而这些成分是构成生命的重要物质，所以这颗卫星备受人们的期待。

　　专家认为，在"土卫二"厚厚的冰层下有"内部海洋"，从那里会喷发出一种微粒，这种微粒的性质与在地球最早生命体诞生的地方出现的微粒十分相似。而人们在土星 8 个环中的 E 环上也发现了该微粒，也就是说，E 环来自"土卫二"上进行喷发活动的水柱，所以它才会与"土卫二"的内部海洋具有相同的成分。

　　此外，"土卫二"上还存在大量的氢，意味着它可以为生命提供充足的化学能源，这也就进一步提高了"土卫二"存在生命的可能性。

# 第 3 章

# 恩惠之母，恒星太阳

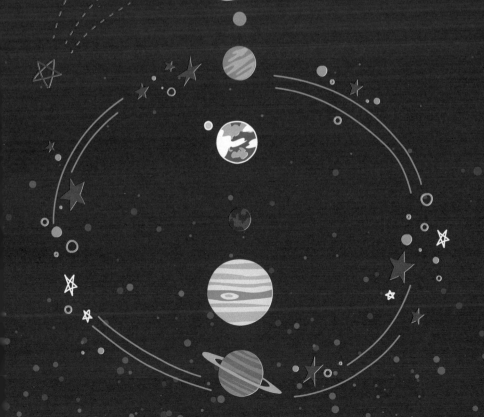

# 太阳是如何诞生的？

## 太阳诞生于由氢引起的核聚变反应

地球所在的太阳系的中心是太阳这颗恒星。地球和太阳之间的平均距离约为 1.496 亿千米，以光速运动要花费 8 分钟 20 秒。太阳的半径大约是地球的 109 倍。太阳的质量是地球的 33 万倍，占太阳系质量总和的 99.86%，对太阳系内所有的天体产生引力作用。太阳虽然如此庞大，但放在银河系里，它也不过是一颗标准大小的恒星。那么，太阳是如何诞生的呢？

目前的宇宙论认为，宇宙是在 138 亿年前的暴胀和大爆炸后诞生的。发生大爆炸后，生成了构成物质基础的基本粒子。但在宇宙初始时期，大部分元素都是氢元素。氢元素聚集后形成星云，叫作分子云。它还有"星球培育场""恒星的摇篮"等称号，这是因为分子云会孕育出恒星。太阳也诞生于分子云中。

分子云内部会生成多个分子云核，这些分子云核在自身的引力作用下逐渐收缩，成为原始恒星。原始恒星一边从周围吸集气体和尘埃，一边继续收缩。最后，原始恒星的中心部分密度上升，开始发生核聚变反应。随着恒星温度超过1000 万摄氏度，球体开始发出明亮的光芒，最终成为现在的太阳。这些都发生在 46 亿年前。

# 太阳的诞生历程

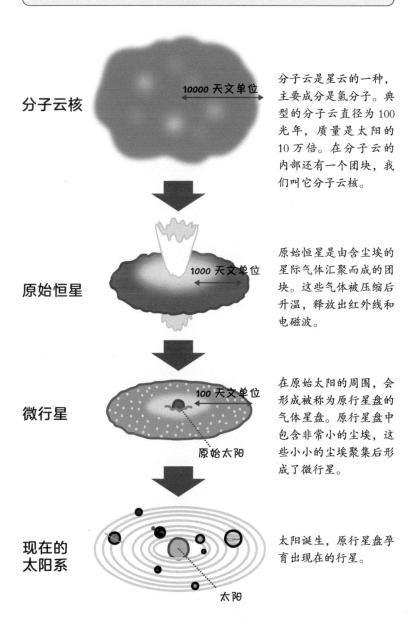

**分子云核**

10000 天文单位

分子云是星云的一种，主要成分是氢分子。典型的分子云直径为 100 光年，质量是太阳的 10 万倍。在分子云的内部还有一个团块，我们叫它分子云核。

**原始恒星**

1000 天文单位

原始恒星是由含尘埃的星际气体汇聚而成的团块。这些气体被压缩后升温，释放出红外线和电磁波。

**微行星**

100 天文单位

原始太阳

在原始太阳的周围，会形成被称为原行星盘的气体星盘。原行星盘中包含非常小的尘埃，这些小小的尘埃聚集后形成了微行星。

**现在的太阳系**

太阳

太阳诞生，原行星盘孕育出现在的行星。

# 19 人类怎么知道太阳的结构？

根据太阳表面的振动推测出它的内部结构

太阳周围的日冕温度高达 100 万摄氏度，人类根本不能到达太阳，更不可能窥探到太阳的内部结构。那么，我们怎样才能知道太阳的内部结构呢？

其实，通过计算机模拟就可以推算出太阳中心的密度和温度，以及氢原子核在那种环境下的运动状态。不过，谁也不知道这到底是不是正确的。因此，为了调查太阳的内部结构，一种分析太阳表面振动现象的方法应运而生，那就是日震学。

当我们调查地球的内部结构时，会用到地震的传播速度。根据地球内部的不同密度，地震的传播速度也会有所不同，所以通过地震波传来的数据就可以推测出地球的内部结构。日震学的原理与这个方法几乎相同。

观察太阳就能发现，太阳每隔 5 分钟就会发生一次振动。我们把这个现象称为"太阳的 5 分钟振动"。只要分析太阳表面的振动现象，我们就能像推测地球的内部结构一样，推测出太阳的内部结构。利用日震学，人们发现太阳的内部结构分为发生核聚变的核心、电磁波传输能量的辐射区以及厚度占太阳半径 30% 的对流层。

# 太阳的结构

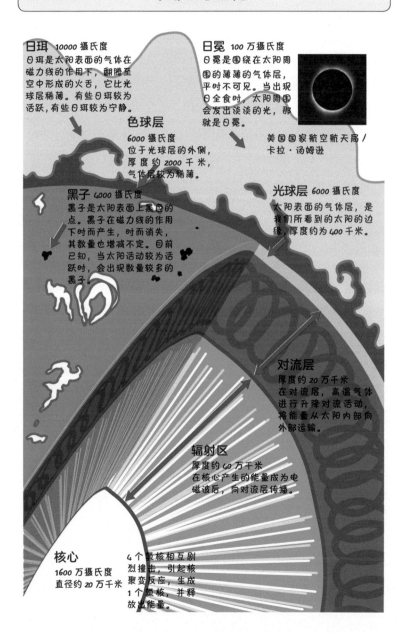

**日珥** 10000 摄氏度
日珥是太阳表面的气体在磁力线的作用下，翻腾至空中形成的火舌，它比光球层稀薄。有些日珥较为活跃，有些日珥较为宁静。

**日冕** 100 万摄氏度
日冕是围绕在太阳周围的薄薄的气体层，平时不可见。当出现日全食时，太阳周围会发出淡淡的光，那就是日冕。

美国国家航空航天局 /
卡拉·汤姆逊

**色球层**
6000 摄氏度
位于光球层的外侧，厚度约 2000 千米，气体层较为稀薄。

**黑子** 4000 摄氏度
黑子是太阳表面上黑色的点。黑子在磁力线的作用下时而产生，时而消失，其数量也增减不定。目前已知，当太阳活动较为活跃时，会出现数量较多的黑子。

**光球层** 6000 摄氏度
太阳表面的气体层，是我们所看到的太阳的边缘，厚度约为 400 千米。

**对流层**
厚度约 20 万千米
在对流层，高温气体进行升降对流活动，将能量从太阳内部向外部运输。

**辐射区**
厚度约 40 万千米
在核心产生的能量成为电磁波后，向对流层传播。

**核心**
1600 万摄氏度
直径约 20 万千米

4 个氢核相互剧烈撞击，引起核聚变反应，生成 1 个氦核，并释放出能量。

# ㉠ 太阳是在燃烧吗？

## 太阳内部发生的核聚变反应释放出巨大的能量

　　地球上的大部分生命之所以能够生存，得益于太阳给予的能量。无论是在人类文明的演变中扮演重要角色的化石燃料，还是水力、风力等自然能源，这些都是由太阳能演变而来的。那么，太阳的能量是如何产生的呢?

　　其实，太阳的能量并非来自物质的燃烧。太阳已在长达46亿年的时间里持续释放能量，虽然太阳很大，但并不存在可供太阳燃烧这么长时间的燃料。而且，太阳是一颗由气体形成的星球，不像地球和月球那样具有岩石地壳。

　　太阳的能量来自于核聚变反应。太阳的核心直径达20万千米，且处于1500万摄氏度、2500亿个大气压的高温高压状态。在这样的条件下，氢原子核聚变成氦原子核并产生巨大的能量。这些能量经过数十万年的时间，穿过40万千米厚的放射区和20万千米厚的对流层到达太阳表面。正是这些由内部而来的光和热让太阳看起来烧得通红。

　　太阳能通过太阳风释放到宇宙当中，而到达地球的太阳能只占其中的20亿分之一。太阳活动以11年为一个周期重复着强弱变化，太阳活动比较活跃时会出现较多的黑子；黑子数量的减少与地球的冰河时期之间存在某种关系。

# 产生太阳能的原理

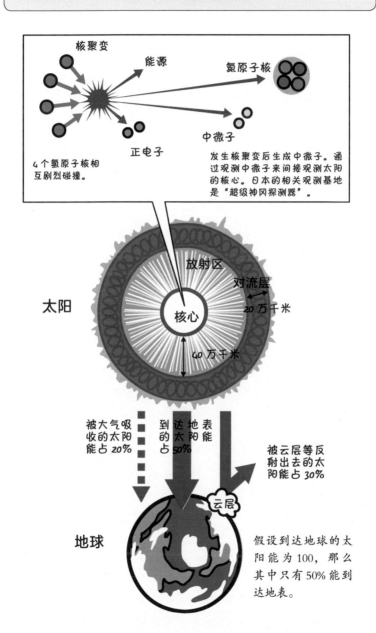

核聚变

能源

氦原子核

中微子

正电子

4个氢原子核相互剧烈碰撞。

发生核聚变后生成中微子。通过观测中微子来间接观测太阳的核心。日本的相关观测基地是"超级神冈探测器"。

太阳

放射区

对流层

20万千米

核心

40万千米

被大气吸收的太阳能占20%

到达地表的太阳能占50%

被云层等反射出去的太阳能占30%

云层

地球

假设到达地球的太阳能为100，那么其中只有50%能到达地表。

# ㉑ 为什么会发生太阳耀斑？

## 日本的太阳观测卫星发现磁场的变化

太阳耀斑指的是在太阳表面发生的爆炸现象，其形状与火焰相似，因此得名"耀斑"。据说，它的威力相当于 10 万到 1 亿个氢弹，可想而知爆炸的剧烈程度。

发生太阳耀斑时，太阳会向宇宙中释放大量的 X 射线、γ 射线和高能带电粒子。当它们到达地球时，会遇到地球的屏障——磁场并引发磁暴，还会对电离层产生不良影响，引发导致通信障碍的德林格尔渐弱现象。此外，在太阳耀斑的影响下，备受人们喜爱的天文现象极光的范围也会变大。

围绕太阳活动尚有很多未解之谜。在此前的很长一段时间里，为何会出现极光一直是一个谜题。后来，日本发射的 X 射线太阳观测卫星"阳光"提供了解密的线索。这颗卫星发射于 1991 年，发射它的目的是更加精确地观测在太阳活动高峰期发生的日冕以及太阳耀斑等高能源现象。"阳光"首次实现了对太阳的一个活动周期（11 年）的持续观测。通过观测发现，发生耀斑的原因是日冕中突然出现的磁场变化。太阳表面上的磁力线隆起呈弓形，这些弓形线相互接近，使磁力线重新连接，此时，磁场中储存的能量就会被瞬间释放并引起爆炸。这个爆炸便是耀斑。

# 太阳耀斑的发生原理

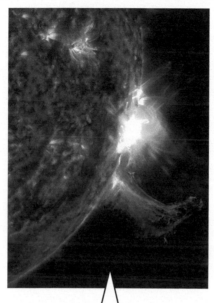

从太阳表面向右侧跳跃的便是太阳耀斑，同时伴有强光。

美国国家航空航天局／戈达德航天飞行中心／太阳动力学观测站

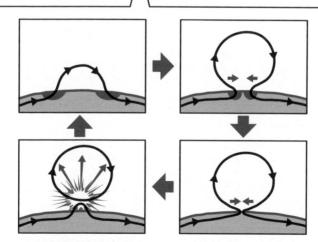

太阳磁场的磁力线在太阳自转的影响下被拉伸和扭转，最终分离出太阳表面。这个圈一旦被割断，就会释放出大量的高温等离子体，形成耀斑。

# 太阳是让地球动起来的引擎吗？

## 因为太阳，地球上才能存在大气循环和水循环

在太阳释放的能量中，到达地球的只有其中的 20 亿分之一。而在那些到达地球的能量里，近三成的能量由于云层阻隔或地表反射而散失到宇宙当中。地球的形状近似球形，因此赤道附近可以从正上方接收太阳能，但位于高纬度的北极、南极地区由于太阳光斜射，接收的能量较少。此外，还有冰雪反射太阳光这一因素。在冰雪覆盖的区域，太阳光的反射率可以高达 80%。也就是说，极地地区较难接收太阳能，所以就容易堆积冰雪，反射率随之上升，气候也就变得更加寒冷。

所以说，赤道附近和极地地区接收到的太阳能的差距是十分巨大的。如果热能不进行移动，高纬度地区和低纬度地区的温差预计会达到 100 摄氏度。但正是这巨大的温差，让地球上的大气动了起来。

高纬度地区降温，低纬度地区的热能就会通过大气向高纬度地区移动，同时还会向同纬度地区进行水平移动，这样一来便形成了大气循环系统，调节地球气候。不仅是大气，水循环也是如此。低纬度地区的海水加热升温后流向高纬度地区，形成海洋的循环系统。可以说，太阳正是支撑地球系统运转起来的引擎。

# 地球上的 6 种风

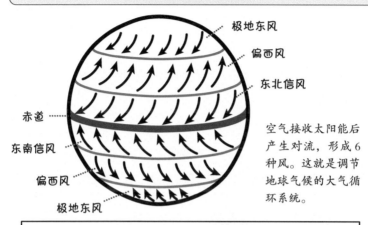

空气接收太阳能后产生对流，形成 6 种风。这就是调节地球气候的大气循环系统。

## 科里奥利力

这是法国物理学家科里奥利在 19 世纪初研究的一种惯性力。科里奥利力会让风向发生偏移，北半球的风会向右偏移，南半球的风则向左偏移。

自转

在北半球，无论是东西南北哪个朝向的风，都会受到向右的力。

在南半球则受到向左的力。

## ● 在全球循环的洋流

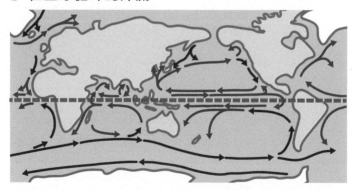

洋流主要分布在赤道两侧，常年沿一定的方向进行流动。水温高和水温低的海水随着洋流流动，还会对气候产生影响。

● 寒流：指主要从极地流向赤道附近的洋流。
● 暖流：指主要从赤道附近流向极地的洋流。

# 23 全球气候变暖是太阳的错吗？

## 导致全球气候变暖的最主要原因是人类排放的温室气体

从太古时期开始，太阳一直温暖着地球，到了 46 亿年后的今天，它的亮度已经比诞生时增加了 30%，为我们提供了更多的能量。

当太阳释放的能量出现增减变化时，很大程度上可以改变地球的平均温度。我们在第 62 ~ 63 页中也提到过，太阳黑子数量的多少与地球气候之间存在关系。如果我们看 1600 年间黑子的数量和地球平均温度的变化就会发现，从 19 世纪后半期到 20 世纪前半期，太阳上出现较多黑子时，地球的平均温度就会上升，因此可以认为两者之间存在某种关系。

但是，使地球平均温度发生变化的不只是太阳能。过去曾有一段时期，人们认为是氟利昂破坏臭氧层，使地面受到更强烈的太阳光照射，导致全球变暖。臭氧层位于平流层，它可以吸收来自太阳的紫外线，保护地球生物，发挥着屏障的作用。当臭氧层被氟利昂破坏后，地面确实会受到稍强的太阳光照射，但是由此增加的太阳能只有 0.01% 左右。所以，臭氧层被破坏并不是导致全球变暖的直接原因。反而是大气中以二氧化碳为首的温室气体的增加，使全球气温严重上升。目前，二氧化碳的增加被认为是导致全球变暖的最主要原因。

## 温室气体导致全球变暖的原理

### ● 当地球上存在适量的温室气体时

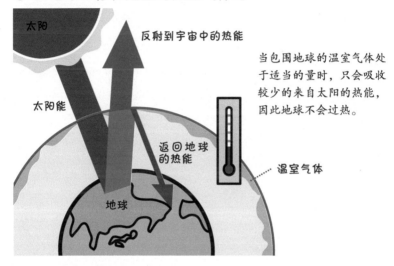

太阳

反射到宇宙中的热能

太阳能

返回地球的热能

地球

温室气体

当包围地球的温室气体处于适当的量时，只会吸收较少的来自太阳的热能，因此地球不会过热。

### ● 地球上的温室气体增加，导致全球气温上升

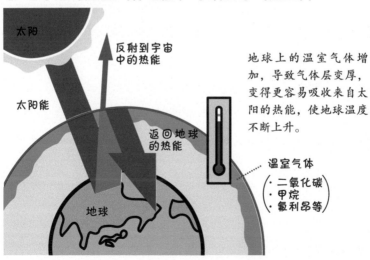

太阳

反射到宇宙中的热能

太阳能

返回地球的热能

地球

温室气体
（·二氧化碳
·甲烷
·氟利昂等）

地球上的温室气体增加，导致气体层变厚，变得更容易吸收来自太阳的热能，使地球温度不断上升。

# （24）太阳正在膨胀，这是真的吗？

## 当氢消耗殆尽时，太阳会膨胀并巨大化

在太阳的中心区域发生着 4 个氢原子聚变成 1 个氦原子的核反应。1 个氦原子比 4 个氢原子的质量轻，减少的质量便转化为庞大的能量。核聚变结束后氦会囤积在太阳的中心部分，形成以氦为主的核心。随后，高温核心变得越来越重，压力也越来越大，最终在自身的引力作用下收缩并破碎。

人们预计，太阳中心的氢将在 60 亿年后消耗殆尽。到那时，中心区域的核反应就会停止，然而在中心区域的外侧，核反应会继续发生。于是，中心区域收缩，外侧开始膨胀。随着外侧的膨胀，太阳的表面温度下降，并且太阳开始变红。当恒星变成这种状态时，我们叫它"红巨星"。在夜空中闪烁着红色的天蝎座心宿二和猎户座参宿四都属于红巨星，这是恒星年老的标志。

大约在 80 亿年后，不断膨胀的太阳其外层甚至可能会到达地球公转轨道的附近。然后，太阳会进入更加不稳定的状态，时而膨胀时而收缩，外层的气体开始扩散到宇宙当中。最后，太阳会缩小到现在的 1/100，核心则变成一颗发出银白色光芒的"白矮星"。白矮星的质量是现在太阳的 70% 左右，是一颗密度非常大的恒星。

# 太阳的一生

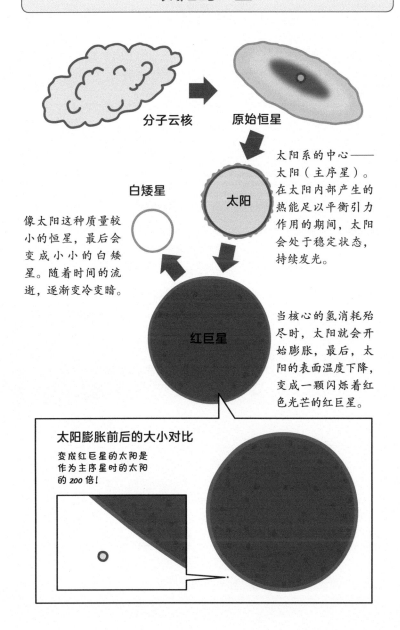

分子云核　　原始恒星

白矮星

太阳

太阳系的中心——太阳（主序星）。在太阳内部产生的热能足以平衡引力作用的期间，太阳会处于稳定状态，持续发光。

像太阳这种质量较小的恒星，最后会变成小小的白矮星。随着时间的流逝，逐渐变冷变暗。

红巨星

当核心的氢消耗殆尽时，太阳就会开始膨胀，最后，太阳的表面温度下降，变成一颗闪烁着红色光芒的红巨星。

## 太阳膨胀前后的大小对比

变成红巨星的太阳是作为主序星时的太阳的 200 倍！

# 具有奇特外形的系外访客—— 小天体奥陌陌

2017 年 10 月，夏威夷天体望远镜观测到了一颗从系外来访的类似于彗星一样的天体，它与太阳擦身而过。起初，由于该天体的运行轨道类似彗星，于是国际天文学联合会便认为这是一颗彗星。在太阳系内被发现的大部分小天体都以椭圆形轨道围绕太阳进行旋转，即便是那些来自远方的彗星，它们的运行轨道也是非常细长的椭圆形，因为所有这些小天体都是被太阳的引力捕获后，才开始围绕太阳旋转的。

但是，在夏威夷发现的这颗天体的轨道并非如此。它的轨道像字母 U，是一个双曲线轨道。这种轨道被称为"打开

40C

这是被认为来自系外的小天体奥陌陌的假想图，呈雪茄状的外形如同一艘宇宙飞船，不禁会令人联想到未知生物。

的轨道"。这是史上首次发现以这种打开的轨道进行运动的天体。一直以来，只要是在太阳系内的天体，不论它来自多么遥远的地方，其运行轨道都是椭圆形，然而这颗天体却不同。所以，人们判断这颗天体应该来自太阳系外，这个发现令人们十分震惊。而在随后的观测里，人们发现了一件更有趣的事情。

它的自转周期约为 8 小时，长约 400 米，宽仅约 40 米。在围绕太阳系旋转的小天体当中，即便是呈细长状的小天体，长大多都是宽的 3 倍左右，从来没有发现过像奥陌陌一样长宽比例如此极端的天体。由于这颗自然天体的形状过于奇特，甚至有人谣传这可能是外星人曾使用过的建筑物。

这类奇特的系外天体被俗称为"Oumuamua"。这个词来自夏威夷语，"ou"的意思是"伸出手"，"mua"的意思是"最初的"，重复"mua"表示强调。这个词的意思就是"来自太阳系外的使者"。

40米

欧洲南方天文台／M. 康麦瑟

# 在木星的卫星上也发现了间歇泉！

2016 年 9 月，美国国家航空航天局发布，在木星的卫星木卫二上拍摄到多处喷水，哈勃空间望远镜经过观测后也予以确认。在地球以外的天体上发现喷水，这引起了人们的广泛关注。木卫二公转木星一周花费 3 日 13 小时。当它在公转轨道上到达离木星最远的那一点时，喷水活动会变得非常活跃，就像一个间歇泉一样。不过，它的喷水高度与我们所知的间歇泉不同，可以高达 200 千米。

在第 56 页我们已经提过，土星的卫星土卫二上也存在间歇泉。科研人员从土卫二间歇泉采集到的样本中发现了盐分、有机分子、氢分子等物质。这说明在土卫二的海底，有一处海水和岩石互相接触的非常温暖的地带。所以和土卫二一样，木星的卫星上也很有可能存在地外生命。令人期待的是，美国国家航空航天局计划在 21 世纪 20 年代探索木卫二。

# 第 4 章

# 地球的伙伴
## 太阳系行星的真实面貌

# ㉕ 太阳系中的行星是如何诞生的？

气体和尘埃聚集成原行星盘，太阳系中的行星从这里接二连三地诞生

距今约 46 亿年前，在银河系的一个角落里一颗超新星发生了爆炸，将大量的气体和尘埃释放到了宇宙中，以这些物质为基础材料，分子云诞生。其中，密度较高的部分被称为分子云核，分子云核处于旋转状态。当气体和尘埃收缩时便会加速分子云核的旋转，在离心力的作用下形成一个巨大又扁平的圆盘。这就是原行星盘。圆盘中心逐渐趋于高温高压状态，开始发出光芒，最终成为原始太阳。

随着原始太阳周围的气体和尘埃逐渐降温，出现了许多很小的团块。这些团块重复着冲撞和结合，最终形成形状较小的天体。这就是微行星的诞生由来。位于原行星盘的气体中的微行星一边围绕太阳进行公转，一边重复着冲撞，它的体积逐渐变大，最终成为原始行星。

在太阳周围的微行星最终成长为内有核心的地球和类地行星（岩石行星）水星、金星、火星。那些距离太阳较远的微行星则成长为类木行星（气态巨行星），此类行星的内部有一颗由岩石和冰构成的核心，该核心被大量的氢和氦所包围，木星和土星就是类木行星。再远一点的微行星会成长为远日行星（冰态巨行星），远日行星主要由冰和岩石构成，周围有少量的气体包围。天王星和海王星就是远日行星。

# 太阳与行星的大小比较和行星的 3 个分类

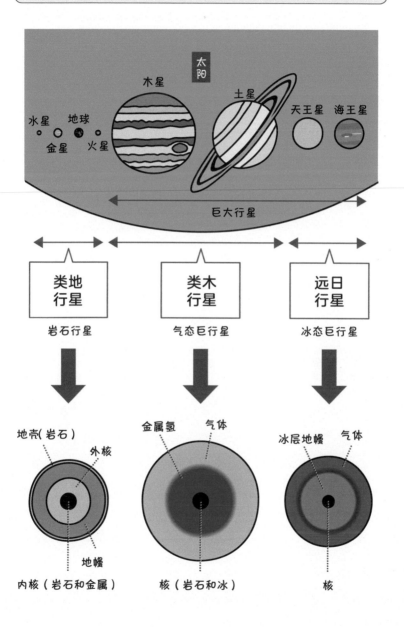

巨大行星

类地行星

岩石行星

类木行星

气态巨行星

远日行星

冰态巨行星

地壳（岩石）

外核

地幔

内核（岩石和金属）

金属氢

气体

核（岩石和冰）

冰层地幔

气体

核

那么在太阳系内，什么样的天体被称为行星呢？2006年，国际天文学联合会大会做了如下定义。

①围绕太阳进行旋转。

②足够重，引力作用较强，因此形状呈球形。

③在轨道周围的天体中体积最大，找不出第二颗与它大小相近的天体。

1930年发现的冥王星曾被认为是太阳系中的第9颗行星，但是它只符合前两项，并不符合第三项，因此它被归为"矮行星"。

太阳系由八大行星组成，按照与太阳之间的距离，从近到远依次是水星、金星、地球、火星、木星、土星、天王星、海王星。在火星和金星的轨道之间还有小行星带。小行星带中虽然存在着数不清的天体，但这些天体的体积较小，不足以称之为行星。有一颗比较出名的小天体叫"糸川"，日本探测器"隼鸟号"曾从糸川带回过样本。糸川就是这个小行星带里的一颗小天体，长仅有540米，十分小巧。

那么，太阳系的范围有多大呢？在海王星的外围有一个小天体带，叫作柯伊伯带，冥王星也属于这里。柯伊伯带中的天体以冰为主要成分，它们在太阳系的形成初期成为微行星后，没有继续成长。柯伊伯带的外围是奥尔特云，这里被认为是彗星的故乡。虽然有很多不同的主张，但基本上太阳系就是到这里为止。

# 太阳系中各大行星与太阳之间的距离

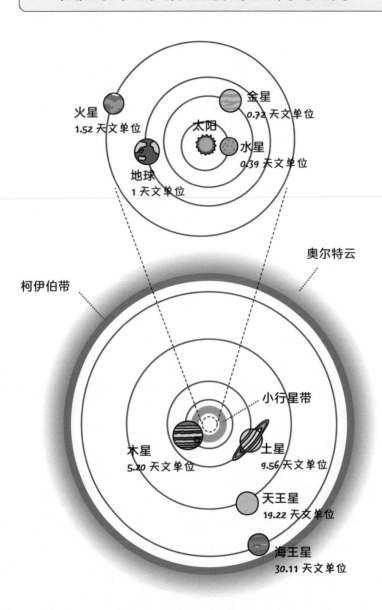

火星
1.52 天文单位

金星
0.72 天文单位

太阳

水星
0.39 天文单位

地球
1 天文单位

奥尔特云

柯伊伯带

小行星带

木星
5.20 天文单位

土星
9.56 天文单位

天王星
19.22 天文单位

海王星
30.11 天文单位

# **26** 离太阳最近的水星会非常热吗？

## 水星受太阳光照射的一面，温度高达 400 摄氏度

公转轨道离太阳最近的便是水星。水星虽然是太阳系中最小的行星，但它的平均密度较高，仅次于地球。因此，水星被认为由铁等较重的材料构成，其内部有一颗占行星半径 75% ~ 80% 的金属核心。

所以说水星体积虽小，质量却相当重。那么水星为什么会有这么大的核心呢？人们认为，当水星还是一颗原始行星时，有一个巨大的天体（该天体的半径是水星的一半）撞了过来，撞飞了以岩石为主要成分的地幔。

水星离太阳最近，因此受太阳光照射的一面温度高达 400 摄氏度，但背面温度可以低至零下 160 摄氏度。这是因为水星上的大气非常稀薄，仅为地球的 1 万亿分之一左右，不能起到良好的保温效果，而且水星的自转速度较慢，使夜晚变长，导致水星在夜间发生辐射而冷却。

跟月球一样，水星的表面也有许多环形山，最大的环形山是卡路里盆地，直径超过 1300 千米，占水星直径的 1/4。该环形山被认为是与一颗直径至少有 100 千米的小行星冲撞后形成的。如果那时冲撞而来的是一颗体积更大的天体，那么水星就会被撞毁，不复存在。与火星或金星相比，水星是一个很不起眼的存在。这主要是因为太阳光在作怪，让我们在地球上很难看见它。

# 水星的外形和结构

美国国家航空航天局／约翰·霍普金斯大学应用物理实验室／华盛顿卡耐基研究所

核（铁镍合金）　地壳（硅酸盐）

地幔（硅酸盐）

● 水星数据
- 赤道半径：2440 千米
- 质量（地球 =1）：0.055
- 轨道半长轴（地球 =1）：0.387
- 公转周期：87.97 地球日
- 自转周期：58.65 地球日
- 受到太阳的辐射量（地球 =1）：6.67

● 地形

表面地形与月球相似，被无数的环形山所覆盖。
（美国国家航空航天局／约翰·霍普金斯大学应用物理实验室／华盛顿卡耐基研究所）

● 宽广的卡路里盆地

图中的大面积白色区域就是卡路里盆地。照片于 2008 年 1 月由信使号拍摄。
（美国国家航空航天局）

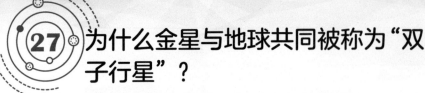

# 27 为什么金星与地球共同被称为"双子行星"？

**因为它们的外形很像，但其实内部完全不同**

金星的直径与密度和地球几乎相同，所以与地球一起被称为"双子行星"。但实际上，两颗行星的表面环境完全不同。地球的表面环境比较稳定，可以存在液态水，相比之下，金星的表面温度高达 500 摄氏度，它是一颗灼热的行星。那么，是什么导致了两颗行星走上截然不同的命运的呢？答案是，与太阳之间的距离。太阳到金星的距离约为 0.72 天文单位，比地球和太阳之间的距离近 4200 万千米。可以说，与太阳之间的距离深深影响了两颗行星上的环境。

金星和地球都是在微行星相互碰撞并结合后诞生的。诞生伊始，两颗行星的表面都被岩浆洋覆盖，水只能以水蒸气的形式存在于大气之中。但是金星离太阳更近，温度过高，导致水蒸气无法转化为液态水。

现在金星表面为 95 个大气压，周围气体的重量是地球大气总重量的 100 倍左右。气体成分中有 96% 是温室效应较强的二氧化碳，另外还有氮气和水蒸气等。也就是说，金星被浓度较高的温室气体包围着。金星的另一个特点是，它的自转方向与地球相反。虽然目前还没有得出确切的原因，但可能是金星与较厚的大气之间的相互作用。

# 金星的外形和结构

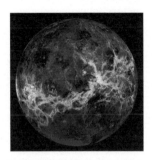

美国国家航空航天局/喷气推进实验室

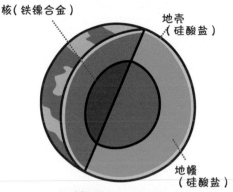

核（铁镍合金）

地壳（硅酸盐）

地幔（硅酸盐）

● 金星数据
・赤道半径：6052 千米
・质量（地球 =1）：0.815
・轨道半长轴（地球 =1）：0.723
・公转周期：224.7 地球日
・自转周期：243 地球日（反方向旋转）
・受到太阳的辐射量（地球 =1）：1.91

● 地形

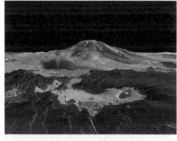

金星的大部分地表被熔岩覆盖。这张照片由探测器麦哲伦拍摄，图中是海拔 8 千米的马特山。为了使照片看得更清晰，已纵向拉长 22.5 倍。（美国国家航空航天局/喷气推进实验室）

● 金星的大气层被厚厚的云层覆盖

硫酸云层

硫酸雨

硫酸雾霭

大气中的二氧化碳和二氧化硫等在太阳的照射下发生化学反应，生成厚厚的硫酸云层。

# 28 在火星上发现了水，这是真的吗？

**许多探测器已发现相关证据**

假设地球的质量是 1，那么火星的质量就只有 0.107，它是一颗非常小的行星。通过望远镜看到的火星看起来烧得通红，其实那是火星表面沙粒中的铁生锈的颜色。火星的两颗卫星分别是火卫一和火卫二，直径都只有几十千米，不仅体积小，而且形状扭曲，并非球状。

火星和地球有一些相似的地方。火星自转轴的倾斜度是 25.2 度，与地球一样也有四季。它的自转周期是 24 小时 39 分钟，与地球的自转周期也十分接近。围绕太阳旋转的公转周期也与地球接近，是 1.88 年。火星表面的平均温度较低，大约是零下 50 摄氏度，但随着夏季的到来，赤道附近的温度会上升到 20 摄氏度左右，而极地地区则会下降到零下 130 摄氏度。

火星上大气非常稀薄，气压只有地球的 0.6% 左右。大气成分中的 95% 都是二氧化碳，此外还有氮气和氩气以及微量的氧气。人们向火星发射的许多探测器都发现了疑似流水地貌的地形，以及可能是在水底形成的沉积岩等，这些都能证明火星上曾存在过大量液态水。或许到了现在，那些渗进地下的部分液态水依然以冰的形式埋在地下深处。探测器还从空中发现，火星的地面上有几条疑似地下冰融化后水流出的条状痕迹。

# 火星的外形和结构

核（铁镍合金、酸化铁）

地壳（硅酸盐）

地幔（富含酸化铁的硅酸盐）

美国国家航空航天局／喷气推进实验室／美国地质勘探局

### ● 火星数据
· 赤道半径：3397 千米
· 质量（地球 =1）：0.107
· 轨道半长轴（地球 =1）：1.524
· 公转周期：686.98 地球日
· 自转周期：1.026 地球日
· 受到太阳的辐射量（地球 =1）：0.43

### ● 地形

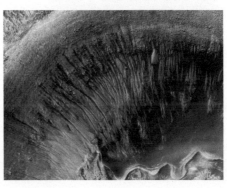

这是火星车在 2004 年 1 月拍摄到的火星上的平原。火星的地表被富含酸化铁的沙尘所覆盖，看起来很红。（美国国家航空航天局／喷气推进实验室／康奈尔大学）

### ● 地面上留下的水流痕迹

牛顿环形山的内壁斜面上有数条纵条纹，有可能是受地下渗出的水流侵蚀而成的。（美国国家航空航天局／喷气推进实验室／马林空间科学系统）

# ㉙ 木星上的那些条纹图案是什么？

## 那是喷射气流形成的条纹

木星是太阳系中最大的行星，由 93% 的氢气和 7% 的氦气组成，质量大约是地球的 318 倍。木星的内核是一颗由岩石和冰构成的微行星，它被大量氢气所包围。内核的估测值会根据模型的不同发生变化，且数值差距较大。这主要是因为，我们无法得知占据木星内部大部分空间的氢在高温高压时的密度。所以，木星的内核有可能非常小，甚至也有可能根本不存在，目前尚无定论。

说到木星的特征，那就是木星表面的条纹图案。不同维度带的条纹图案会根据喷射气流呈现出不同的东西向。颜色较暗的条纹以下沉气流为主，颜色较亮的条纹以上升气流为主。那些美丽的条纹就是这样形成的。

17 世纪，伽利略·伽利雷发现了木星的 4 颗卫星。这是人们首次发现月球以外的卫星，于是这些卫星被命名为伽利略卫星。到目前为止，人们已发现 67 颗木星卫星，其中被称为伽利略卫星的木卫一、木卫二、木卫三和木卫四的体积或与月球相似，或大于月球。1979 年 9 月，美国国家航空航天局发射的无人空间探测卫星旅行者 1 号在木星上也发现了行星环。

# 木星的外形和结构

美国国家航空航天局／喷气推进实验室／美国地质勘探局

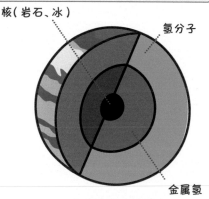

核（岩石、冰）

氢分子

金属氢

● **木星数据**

- 赤道半径：7 万 1492 千米
- 质量（地球 =1）：317.83
- 轨道半长轴（地球 =1）：5.203
- 公转周期：11.86 年
- 自转周期：0.414 地球日
- 受到太阳的辐射量（地球 =1）：0.037

● **图案**

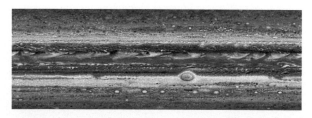

由氨粒子形成的云跟着喷射气流流动，形成美丽的条纹图案。
（美国国家航空航天局／约翰·霍普金斯大学应用物理实验室／美国西南研究所）

● **伽利略发现的 4 颗卫星**

图中从左到右依次为木卫一、木卫二、木卫三和木卫四。除木卫一外的其他 3 颗卫星地下均有海洋，因此存在生命的可能性。（美国国家航空航天局／喷气推进实验室／德国航空太空中心）

# 30 土星环是由什么组成的？

## 小冰块聚集成巨大的行星环

在太阳系中，土星的体积仅次于木星。土星的直径大约是地球的 9 倍，体积是地球的 755 倍，然而质量却只有地球的 95 倍，是太阳系里密度最小的行星。土星被厚厚的大气层所包围，大气层的主要成分是氢。与木星相同，土星的内核也是一个由岩石和冰构成的微行星。土星自转一周只需要约 10 小时，高速自转产生离心力，导致赤道半径比极地大 10%。

土星的最大特征就是巨大的土星环。用天体望远镜可以观测到土星环呈薄薄的圆盘状，非常美丽。但是各种探测器进行探测后发现，土星环实际上是由数量庞大的小冰块组成的圆盘状区域。土星环直径可达 30 万千米，但是厚度只有 10 米，非常薄。那么这个土星环是如何形成的呢？目前主要有两种假说。一种是在土星的形成阶段，它周围的圆盘状气体和尘埃聚集成土星环；另一种是过去有一颗小天体撞击了土星的卫星，卫星的碎片聚集在土星的赤道附近，形成了土星环。目前，第二种说法被认为更有说服力，但尚无定论。

# 土星的外形和结构

经美国国家航空航天局和哈勃传承计划团队（空间望远镜研究所 / 大学天文研究协会）承认：R.G. 弗朗齐（韦尔斯利学院），J. 库齐（美国国家航空航天局 / 艾姆斯研究中心），L. 多恩斯（美国西南研究所），J. 利索尔（美国国家航空航天局 / 艾姆斯研究中心）

## ● 土星数据
- 赤道半径：6 万 268 千米
- 质量（地球 =1）：95.16
- 轨道半长轴（地球 =1）：9.555
- 公转周期：29.46 年
- 自转周期：0.444 地球日
- 受到太阳的辐射量（地球 =1）：0.011

核（岩石、冰） 氢分子

金属氢

## ● 行星环

行星环由 1000 个以上的细环聚集而成。卫星的引力作用使细环之间出现环缝。（美国国家航空航天局 / 喷气推进实验室 / 空间科学研究所）

## ● 土星环参考图

1977 年发射的旅行者号探测器对土星实施调查后，查明行星环主要由小小的冰块组成。（美国国家航空航天局 / 喷气推进实验室 / 科罗拉多大学）

# ③① 天王星躺着转，这是真的吗？

## 天王星在受到巨大天体的撞击后导致自转轴倾斜

在太阳系中，天王星的大小排在木星和土星后面。天王星上冰的主要成分是水、甲烷和氨，大气中也含有 2% 的氨气。这些氨气可以吸收红光，因此天王星看起来散发着淡淡的蓝绿色。

天王星最大的特征是自转轴与公转面之间 97.8 度的倾斜角。可以说，天王星在躺着的状态下进行自转，同时围绕太阳进行公转。天王星的自转轴倾斜有可能是因为天王星受到了巨大天体的撞击，但至于撞击是怎么发生的，目前尚不得而知。

我们可以对比一下太阳系中其他行星自转轴倾斜的角度。水星几乎为 0 度，地球是 23.4 度，火星是 25.2 度，土星是 26.7 度。天王星的自转轴有多么倾斜，这下一目了然了吧。

到目前为止，成功接近天王星的只有美国国家航空航天局在 1977 年 8 月发射的无人空间探测器"旅行者 2 号"。当时拍摄的图像至今依然是人们研究天王星的珍贵数据。目前已发现了天王星的 27 颗卫星，这些卫星均绕着天王星的赤道进行公转。

如果天王星是在后天发生倾斜的，那么周围的卫星理应围绕极地进行旋转。但事实上，这些卫星在绕着赤道旋转。也有人认为，天王星是在受到多次撞击后形成了目前躺着转的状态。

# 天王星的外形和结构

美国国家航空航天局 / 喷气推进实验室

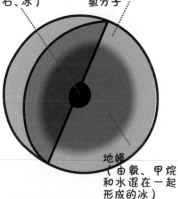

核（岩石、冰）

富含氨和甲烷的
氢分子

地幔
（由氨、甲烷
和水混在一起
形成的冰）

● 天王星数据

· 赤道半径：2 万 5559 千米
· 质量（地球 =1）：14.54
· 轨道半长轴（地球 =1）：19.218
· 公转周期：84.02 年
· 自转周期：0.718 地球日
· 受到太阳的辐射量
（地球 =1）：0.0027

● 行星环

通过旅行者号探测器的调查，截至 2018
年，已确认天王星有 11 条行星环，但其
具体结构尚不明确。（美国国家航空航
天局 / 喷气推进实验室）

● 躺着转的天王星

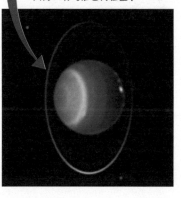

天王星的自转轴与公转面
几乎在同一个平面上，所
以看起来好像是在躺着转。
照片由哈勃空间望远镜用
近红外线拍摄。
（美国国家航空航天局 /
喷气推进实验室 / 空间望
远镜研究所）

# ㉜ 海王星上还有很多未解之谜吗？

## 旅行者号活跃的探测活动为我们解开了许多谜团

在太阳系的行星中，在离太阳最远的地方进行公转的便是海王星。海王星与天王星结构相似，属于远日行星。它的直径是地球的 3.88 倍。海王星的大气成分中氢气占 80%，氦气占 19%，甲烷占 1.5%（此处按气体体积计算，为估计值，有一定误差）。由于甲烷吸收红光，所以海王星看起来也散发着蓝色。海王星上光照较弱，大气温度可以低至零下 200 摄氏度。

到目前为止，只有旅行者 2 号探测器接近过海王星。它在 1989 年 8 月对海王星进行的最短距离观测为我们提供了有关海王星的大部分数据。通过旅行者 2 号拍摄的照片，可以看到海王星的大气上有条状图案。这是云在高速气流下被拉伸的形态。由此可以估测，海王星赤道附近的气流速度可超过 300 米／秒。

旅行者 2 号还近距离观测过海王星最大的卫星海卫一，并向地球带回了详细的数据。根据这些数据，人们发现海卫一上存在着冰火山，这些火山进行着喷发活动，喷出液态氮和甲烷烟云。海卫一的大小与月球差不多，它的最大特征就是它是一颗逆行卫星。逆行卫星是指公转方向与行星的公转方向相反的卫星。目前，已在太阳系内发现的逆行卫星有：4 颗木卫、1 颗土卫、1 颗海卫。其中海卫一非常庞大，远远超过了其他逆行卫星。

# 海王星的外形和结构

美国国家航空航天局 / 喷气推进实验室

核（岩石、冰）

甲烷、氨气和氢气

地幔
（由氨、甲烷和水混在一起形成的冰）

● 海王星数据
· 赤道半径：2 万 4764 千米
· 质量（地球 =1）：17.15
· 轨道半长轴（地球 =1）：30.110
· 公转周期：164.77 年
· 自转周期：0.671 地球日
· 受到太阳的辐射量（地球 =1）：
  0.0011

● 图案

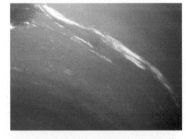

旅行者号探测器拍摄到的白色条状图案。
这是云被高速气流拉伸后形成的。
（美国国家航空航天局 / 喷气推进实验室）

● 海卫一上的冰火山
进行着喷发活动

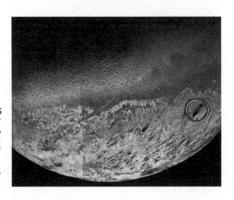

海卫一的表面温度低至零下 235
摄氏度。图中右侧画圈的地方
是进行喷发活动的冰火山，它
会喷发出含有冰的气体，火山
烟就是在这里发现的。
（美国国家航空航天局 / 喷气
推进实验室）

# 33 人们知道冥王星是一颗怎样的天体了吗?

## 新视野号为我们收集了详细的数据

我们在第 78 页提到过,冥王星属于矮行星,它比太阳系内的任何行星都要小,直径仅为地球直径的 18%。它的轨道也与太阳系中的其他行星不同,是歪斜的椭圆形,公转太阳一周需要花费 248 年。

2006 年 1 月,美国国家航空航天局发射了无人探测器新视野号,对包括冥王星在内的外海王星天体进行了探测活动。2015 年 7 月,新视野号近距离成功地观测到冥王星和它的卫星冥卫一,并持续向地球发回了详细的数据。经过新视野号对冥卫一地面情况的细致勘察,人们在极地地区发现了疑似由有机物聚积而成的赤褐色堆积物,还在赤道附近发现了断壁悬崖。

## 冥王星和它的卫星冥卫一

这是一张由新视野号拍摄的冥王星(右)与冥卫一(左)的合成照片。照片基本上正确反映了它们的大小比例。冥卫一是一颗体积十分巨大的卫星,因此也有人认为,冥卫一是在宇宙大爆炸时形成的。

(美国国家航空航天局/约翰·霍普金斯大学应用物理实验室/美国西南研究所)

目前依然在柯伊伯带保持探测活动的新视野号。

(美国国家航空航天局/约翰·霍普金斯大学应用物理实验室/美国西南研究所)

# 第 5 章

# 星座的神秘面纱

## 恒星和星系

# 34 恒星和行星有什么不一样？

## 自身可以发光的是恒星，不能发光的是行星

在可见的相对位置"恒常不变的星球"，恒星这个名字就是这么来的。夜空中闪烁的星星里除去太阳系中的行星，剩下的大都是恒星。太阳也是一颗恒星，但要知道，仅在银河系里就存在着 1000 亿颗以上的恒星。

行星就是围绕恒星进行公转，且内部质量较小，不足以发生核聚变，同时自身不能发光发热的天体（关于行星的定义，参见第 78 页）。包括地球在内的所有太阳系中的行星都是通过反射太阳光的方式让自身发光可见的。此外，还有一些是介于恒星和行星之间的天体。

银河系里的气体和尘埃凝聚在一起，发生核聚变后诞生了恒星。但是，如果天体诞生时的质量非常小，还不到太阳的 8%，那么恒星就不能成功诞生。即便是发生了核聚变，要么反应立刻停止，要么只能释放出极少的能量。这些天体的表面看起来是暗红色的，所以被称为"褐矮星"。

还有一些恒星会改变光度，这类恒星叫变光星。比较著名的变光星是鲸鱼座的米拉。当它比较明亮时是一颗二等星，用肉眼就可以非常清楚地看到。但是，当它变暗后就是一颗十等星，无法用肉眼观测到。米拉以 332 地球日为一个周期重复着膨胀和收缩，同时还会改变亮度，所以人们把它称作脉动变星。

## 褐矮星参考图

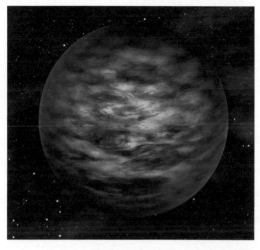

美国国家航空航天局／喷气推进实验室

这是被称为 WISEA J114724.10−204021.3 的质量较小的褐矮星参考图。褐矮星的颜色较暗，所以不能清晰地捕捉到它的图像。

## ALMA 望远镜观测到的分布在高龄星米拉周围的气体云

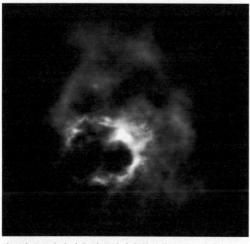

欧洲南方天文台／Ｓ.兰司铁（乌普萨拉大学，瑞典）＆Ｗ.威明斯（查尔姆斯理工大学，瑞典）

鲸鱼座的恒星米拉是一颗变光星，同时还是一个由高龄红巨星的主星（米拉A）和已结束生命、只留下残骸的白矮星的伴星（米拉B）构成的双星。该照片通过 ALMA 望远镜观测得到。照片中，米拉B喷出的气体云正包围着米拉A。

# 35 恒星也有自己的一生吗?

### 从诞生到死亡，恒星也有自己的戏剧人生

太阳和那些在夜空中闪烁的众星都有从诞生到死亡的戏剧人生。每颗恒星从诞生到成长再到死亡，过程大致相同。所有的恒星都是由银河系中的气体和尘埃凝聚而成的，所以在成分上没什么本质区别。当核聚变耗尽了燃料时，它们的生命就走到了尽头。但是如果仔细研究会发现，不同质量的恒星拥有不同的一生。

## 质量小于太阳质量8%的恒星

这是我们在第 96 ~ 97 页中提到的褐矮星。这类恒星中心的温度较低，不足以引起核聚变。即便发生了核聚变，也只能持续很短的时间，随后在逐渐冷却当中结束余生。

## 质量为太阳质量8%~8倍的恒星

由于这类恒星的中心温度较高，氢气会引发核聚变，随后恒星持续发光，直到氢气消耗殆尽。当燃料耗尽时，恒星开始膨胀，逐渐变成红巨星，最终变成行星状星云，其中心部分是一颗白矮星。太阳的寿命是 100 亿年左右，这类恒星将度过与太阳相似的一生。

## 质量大于太阳质量10倍的恒星

在这类恒星的内部，核聚变使氢气聚变为氦气，氦气再变成氧气和碳，最后生成铁。此时核聚变将停止反应，恒星开始膨胀，变成一颗红超巨星。最终在自身的引力作用下，恒星坍缩，引发超新星爆炸。

恒星一般的寿命是几千万年左右。当它们发生爆炸时，

# 不同质量的恒星有着不同的一生

## ● 质量区间【以太阳质量为基准】

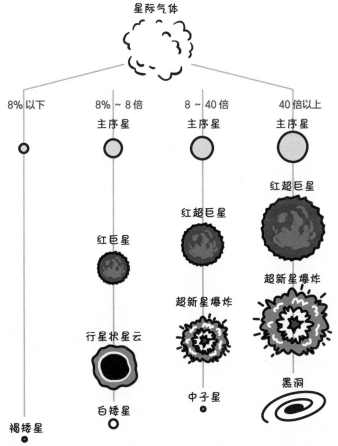

星际气体

| 8% 以下 | 8% ~ 8 倍 | 8 ~ 40 倍 | 40 倍以上 |
|---|---|---|---|
| | 主序星 | 主序星 | 主序星 |
| | 红巨星 | 红超巨星 | 红超巨星 |
| | 行星状星云 | 超新星爆炸 | 超新星爆炸 |
| 褐矮星 | 白矮星 | 中子星 | 黑洞 |

质量比太阳小很多的恒星无法成为主序星。随着氢燃料逐渐减少，恒星逐渐崩溃，最终成为又暗又小的褐矮星。

质量为太阳8% ~ 8倍的恒星在变成红巨星后，最外层向外扩散，成为行星状星云，中心区域会生成白矮星。

质量为太阳8 ~ 40倍的恒星在变成红超巨星后，引发超新星爆炸，成为中子星。

质量为太阳40倍以上的巨大恒星在变成红超巨星后，引发超新星爆炸，最终成为黑洞。

会产生许多元素。这些元素会扩散到宇宙中，之后逐渐形成中子星或者黑洞等超高密度天体。

夜空中闪烁的星星其实颜色各不相同。有的发青白色的光，有的发红色的光。星星的颜色取决于它的地表温度，蓝色的星星地表温度较高，红色的星星地表温度较低。

20 世纪初，丹麦的埃希纳·赫茨普龙和美国的亨利·诺利斯·罗素发现了恒星的颜色、温度、亮度之间的联系，并在此基础上，以太阳的亮度为基准，用纵轴表示恒星的亮度（绝对星等），横轴表示恒星的表面温度，完成了恒星分布图赫罗图。

在赫罗图上有 3 类恒星。首先是主序星。90% 的恒星属于这一类，太阳也是主序星。在赫罗图上，主序星从右下角穿过中间并向左上角延伸。其次是超巨星。超巨星的温度较低，主要分布在赫罗图的右上角。红巨星就属于超巨星。最后是白矮星。白矮星温度高，体积小，主要分布在赫罗图的左下角。

即便是通过赫罗图首次发现的恒星，只要知道它的亮度和温度，就可以知道它属于哪一类恒星。可以说，这张图为其后的恒星天文学奠定了基础。

# 赫罗图

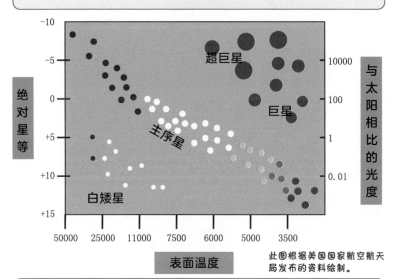

此图根据美国国家航空航天局发布的资料绘制。

# 恒星的颜色与温度

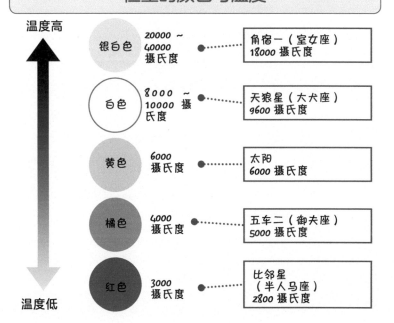

# 36 超新星爆炸是一幅什么样的景象?

大量比铁更重的元素会扩散到宇宙中

质量超过太阳 10 倍以上的恒星，质量越重，核聚变的燃料氢气就越多，而且，其内部的高温高压环境会使核聚变反应非常剧烈，导致燃料在短时间内迅速消耗殆尽，让恒星的生命走到尽头。如果恒星的质量更重，那么当核聚变停止后，中心部分就会留下一个只有铁的内核。

虽说恒星的自身引力会使它逐渐收缩，但由于核聚变会释放能量，因此在这一期间，恒星不会被挤压破碎。然而，一旦核聚变结束，当内部只剩下铁时，恒星就会瞬间粉碎并引发大爆炸，它的最外层会被炸飞到宇宙当中。这就叫超新星爆炸。

这种爆炸实质上是年老星球迎接生命终点的方式，但由于爆炸时产生强烈的光芒，犹如新星诞生，因此得名超新星爆炸。超新星爆炸后会产生充满中子的中子星，而中子是构成原子的基本粒子。如果爆炸的恒星质量在太阳的 30 倍以上，就会生成黑洞。

1 立方厘米的中子星重达 10 亿吨。宇宙刚刚诞生时，还没有较重的元素，只有氢气和氦气等较轻的元素。较重的元素不仅能够形成行星，我们人类的身体也是由较重的元素组成的。这些较重的元素是在恒星的核聚变或超新星爆炸时产生的，然后扩散到宇宙当中。若没有超新星爆炸，我们人类也不会出现在这个世界上。

## 超新星爆炸后留下的残骸

这是金牛座的超新星残骸，又称"蟹状星云"。这颗恒星在1054年发生了超新星爆炸，我国和日本的文献中均有相关记载。即便到了现在，残骸依然在持续膨胀。

美国国家航空航天局，欧洲宇航局，J. 郝思特和 A. 劳尔
（亚利桑那州立大学）

## 大质量恒星在引力作用下发生坍缩并爆炸的原理

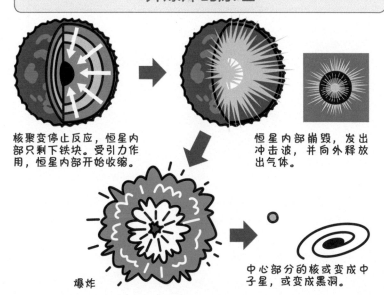

核聚变停止反应，恒星内部只剩下铁块。受引力作用，恒星内部开始收缩。

恒星内部崩毁，发出冲击波，并向外释放出气体。

爆炸

中心部分的核或变成中子星，或变成黑洞。

# ③37 黑洞是怎么形成的?

超新星发生爆炸后，在自身引力作用下逐渐收缩，形成黑洞

黑洞是质量在太阳 30 倍以上的超大恒星的末期形态。超新星发生爆炸后，它的中心部分会被留下来，然后在自身引力作用下逐渐收缩，成为一个体积无限小，密度却无限大的点，这就是黑洞。在黑洞里，所有的物理法则都不成立，连光也不能逃离黑洞。

那么，我们怎么才能找到这个不发光的天体呢？答案就是 X 射线。太阳是一颗独立存在的恒星，然而宇宙中有非常多的恒星是双星。双星指的是两颗相互围绕并旋转的恒星。若其中一颗恒星变成了黑洞，那么就会吸引另一颗恒星上的气体。当气体被吸进黑洞时，气体的温度会急剧上升并释放出 X 射线。所以，成功观测到 X 射线就是能够证明其周围存在黑洞的间接证据。

黑洞是爱因斯坦根据相对论预言的天体。起初，人们认为黑洞只存在于理论当中，并非真实存在。但在 1970 年，人们通过 X 射线观测到了一个被称为"天鹅座 X-1"的黑洞。此后，人们发现了更多被认为是黑洞的天体。黑洞是真实存在的。

## 黑洞参考图

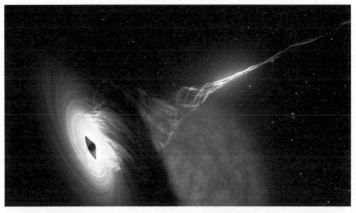

这张图描绘的是高温喷射气流被黑洞吸入时的景象。

美国国家航空航天局／喷气推进实验室

## 黑洞原理图

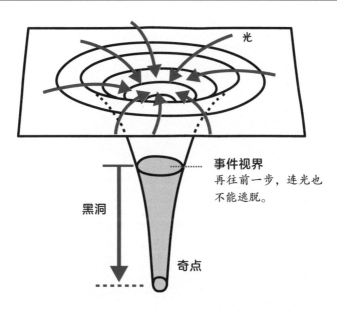

光

**事件视界**
再往前一步，连光也不能逃脱。

黑洞

奇点

# 38 星系是恒星聚在一起形成的吗？

仅银河系内就有 1000 亿颗以上的恒星

我们居住的地球是一颗行星，它围绕太阳进行旋转。包括地球在内的八大行星，以月球为首的卫星，再加上无数的小天体，它们共同组成了太阳系。我们所在的银河系就是由 1000 亿颗以上的像太阳这样的恒星聚集而成的。

所谓星系，是由数十亿到数千亿颗恒星在彼此的引力作用下吸引汇聚而成的。星系的大小从几千光年到 10 万光年不等，形状也各不相同。有的呈规整的旋涡状，有的是不太明显的旋涡状，还有的呈不规则形状。

当我们说到在太阳系内，行星围绕太阳进行旋转时，很容易把太阳想象成静止不动的状态。但实际上，太阳自身也在高速运动，可以说太阳带着整个太阳系进行着高速运转，它的运动速度高达 240 千米 / 秒！太阳系正是以这个速度在进行运动，它绕银河系一周要花费 2.2 亿万年到 2.5 亿万年的时间。

此外，星系与星系之间也会在彼此的引力作用下互相靠近，形成一个集团。数十个左右的星系汇聚到一起，就会形成一个"星系群"，银河系属于本星系群。本星系群以仙女星系、银河系、三角座星系为 3 个主要星系，成员星系达 50 个左右。当 100 个到 1000 个星系汇聚在 1000 万光年左右的宇宙空间里时，便会形成"星系团"。

# 星系的集团结构

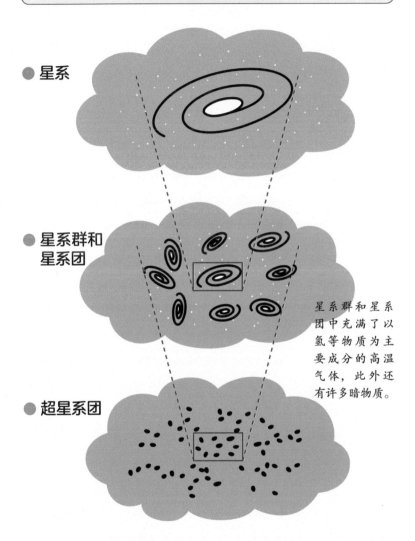

● 星系

● 星系群和
  星系团

星系群和星系团中充满了以氢等物质为主要成分的高温气体，此外还有许多暗物质。

● 超星系团

当星系群和星系团聚集在一起，形成1亿光年以上的集团时，就形成了一个超星系团。目前，已发现10个以上的超星系团。我们的银河系所在的本星系群是仙女座超星系团的一员。它被位于中心位置的处女座超星系团的引力所吸引，移动速度为300千米/秒。

# 39 在银河系附近都有什么样的星系?

我们在地球上可以肉眼看到 3 个星系

　　我们在第 1 章提到过,在 40 亿年后,银河系和仙女星系将发生冲撞并结合(参见第 28 页)。那么仙女星系是一个怎样的天体呢?

　　仙女星系与银河系共同组成本星系群,是银河系的邻居。仙女星系是本星系群中最大的旋涡星系,由 $10^{12}$ 颗恒星组成。圆盘部分的直径可达 20 万光年。到了秋天,我们可以在北半球的上空用肉眼观测到它。仙女星系的核心部分有着一个比银河系的核心还要重的巨大黑洞。此外,人们通过 X 射线还在它的中心区域观测到了更多的黑洞。

　　剩下 2 个可以在地球上用肉眼观测的星系,分别是在南半球可以观测到的大麦哲伦星系和小麦哲伦星系。在 16 世纪,航海家麦哲伦记载道,"在南边上空的银河系旁边发现了像云一样的物体",所以这个星系得名麦哲伦星系。大麦哲伦星系距离我们有 16 万光年,大小约为银河系的 1/10。小麦哲伦星系距离我们有 20 万光年,体积小于大麦哲伦星系。

　　1970 年,人们还发现了一个呈细长状,并且连接着 2 个星系的"麦哲伦星流"。据说这是中性氢的气体流。

# 仙女星系

美国国家航空航天局／喷气推进实验室／加州理工学院

仙女星系是我们所在的本星系群中的最大星系。

# 麦哲伦星云

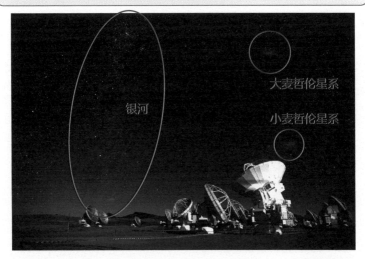

银河

大麦哲伦星系

小麦哲伦星系

日本国家天文台

这张照片拍摄的是 ALMA 望远镜（海拔 5000 米）持续进行观测的天线和南天中具有代表性的星群。在照片右侧可以看到像云一样朦胧发亮的天体，那就是位于银河系旁边的小小星系——大麦哲伦星系（上）和小麦哲伦星系（下）。

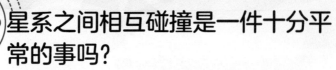

# 40 星系之间相互碰撞是一件十分平常的事吗？

如果我们把 10 亿年 ~ 100 亿年看作一个时间单位，
那么星系间的相互碰撞是一件常有的事

有人担心，银河系要与仙女星系发生碰撞了……。但要知道，那是 40 亿年以后的事。而更多的人或许不会相信这真的会发生吧。那么，星系间的相互碰撞到底是如何发生的呢？

说起星系，很容易让人联想到许多恒星密集地聚在一起的画面。但实际上，星系内的密度非常低，反而是星系与星系之间的距离比我们想象的要更近一些。如果我们把银河系所在的本星系群中的一个星系比作直径 1 厘米的球，那么本星系群中共有近 50 个球，它们以 10 厘米到 1 米为间隔聚在一起。

星系会在彼此的引力作用下相互吸引，所以在长达 10 亿 ~ 100 亿年的时间里，不太可能完全不发生接触。不过，由于星系内星体稀疏，所以即使星系之间发生了高速碰撞，也不会带来什么破坏性结果。

星系的形状各不相同，那些不具有椭圆形、旋涡形等特定形状的不规则星系，是在星系间的相互碰撞或相互引力作用下诞生的。星系常常会组成一个集团（参见第 106 ~ 107 页），有时在这些星系团的核心会形成一个巨大的椭圆星系。这个椭圆星系正是由多个星系发生碰撞和结合后形成的。

# 星系间相互碰撞

美国国家航空航天局／欧洲宇航局／Z.莱维和R.范德马雷尔（空间望远镜研究所）／T.哈勒斯和A.梅林杰

人们预计在40亿年以后，银河系和仙女星系将会发生碰撞。不过，碰撞并不是一次突发性事件，它会持续数十亿年。这张图描绘的是仙女星系靠近银河系，使银河系变得扭曲的情形。

# ㊶ 什么是宇宙的长城？

### 这是在宇宙中形成的"万里长城"

1989 年，哈佛 - 史密松天体物理中心的玛格利特·盖勒和约翰·修兹劳发现，在距离地球 2 亿光年的地方存在一个巨大结构。该结构长约 5 亿光年，宽约 3 亿光年，它由庞大的星系团组成，形态酷似一面墙。这就是"长城"，名字来自我国的万里长城。但不能确定的是，观测到的是长城的全貌还是其中一部分。这是因为，银河系的光会阻碍观测，导致不能观测到它的全貌。

那么，长城是如何形成的呢？目前人们推测，很可能是星系沿着连绵又细长的暗物质分布，因此才产生了这样的结构。暗物质可以通过引力吸引天体，所以才会产生一座看起来又长又薄，像是星系团的墙的结构。虽然暗物质具有质量，但它是不可见物质，用一般的观测方法是检测不到的，暗物质依然是一个不明物体。比如未发现的基本粒子就属于暗物质。

当天体离我们远去时，光谱线会向波长的一端（红波）偏离，这种现象叫作"红移"。利用红移这种现象，我们能够准确观测到与较远星系之间的距离。长城也是用这个方法观测到的。

## 原始长城和怪物星系的假想图

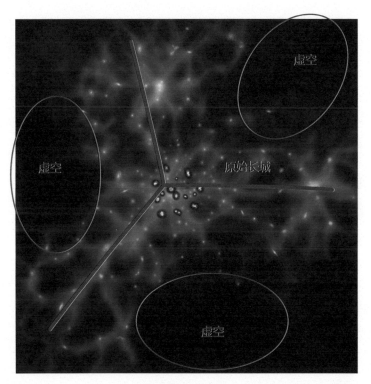

ALAM(欧洲南方天文台／日本国家天文台／奈良尾)，
日本国家天文台,H.梅原

这是年轻的星系用5亿年的时间分布成的灯丝状大集团
"原始长城"。在原始长城的中心会诞生出许多怪物星系。
虚空指什么都不存在的超级空洞(参见第114～115页)。

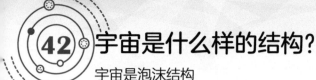

# 42 宇宙是什么样的结构？

## 宇宙是泡沫结构

几十个星系聚集在一起可以形成星系群，100 ~ 1000 个星系聚集在一起可以形成星系团。而这些星系团聚集在一起形成的便是超星系团。这个大集团又是宇宙的一部分。那么，宇宙是什么样的结构呢？

20 世纪 80 年代，人们在数亿光年之外的地方发现了一个范围达 2 亿光年的空洞，这里连一个星系都没有观测到。随后又接连发现了几个空洞。人们把这种不存在任何星系的巨大空间叫作虚空，英文叫"void"。这时人们才知道，原来并不是每个宇宙空间中都存在星系。

宇宙是一个十分庞大的结构，星系连接在一起，形成丝状骨架的"星系灯丝"后，虚空镶嵌在其中。这种结构与用香皂起泡时，好几层泡沫叠在一起的外观非常相似。星系所在的位置就是这些泡沫的表面。

这就是宇宙的大型结构，或者说是宇宙的泡沫结构。人们认为，导致宇宙形成这种结构的也是暗物质。在刚刚结束大爆炸的宇宙中，散布着热气体和暗物质。这时，暗物质之间最先相互结合形成了团块。这些团块便为宇宙大型结构的建立奠定了基础。

## 宇宙呈泡沫结构

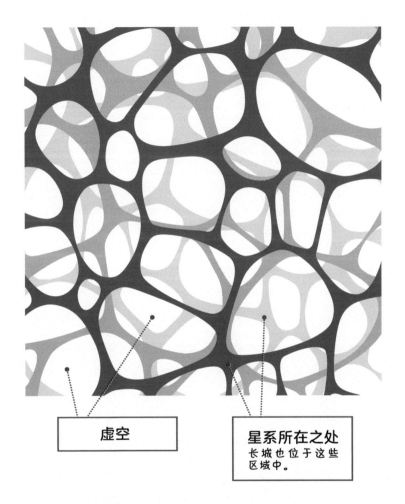

虚空

星系所在之处
长城也位于这些
区域中。

宇宙中散落着不存在星系的虚空（void），虚空与虚空之间是被称为星系灯丝的星系带。因此，宇宙是"星系灯丝"和虚空混在一起形成的泡沫结构。

# 发现了 7 颗与地球十分相似的行星！

　　在距离地球约 39 光年的地方，有一颗名叫"TRAPPIST-1"的恒星。2017 年 2 月，人们在这颗恒星的周围发现了 7 颗与地球十分相似的行星，它们正围绕着这颗恒星公转。目前，这 7 颗行星被认为是生命存在的最佳环境。之所以这么说主要有两个原因。首先，在这 7 颗行星中，至少有 3 颗行星与 TRAPPIST-1 之间的距离适宜，是适合生命诞生的理想距离。其次，它们离太阳系较近，所以如果对行星上的大气进行调查，或许就能找到一些间接证明生物存在的证据。

　　目前，很多科学研究者已经开始在 TRAPPIST-1 周围的行星上探索生命。美国国家航空航天局的开普勒太空望远镜目前正在寻找，是否还存在这 7 颗以外的其他行星。而哈勃空间望远镜正计划对这些行星上的大气进行调查。此外，还有预计在 2021 年发射升空的詹姆斯·韦伯空间望远镜。一旦它开始工作，人们就能更加仔细地观测到 TRAPPIST-1 及其行星群。

　　只要这些探测活动继续进行下去，那么地外生命新发现或者可能存在地外生命等这类话题将会层出不穷吧。

# 第 6 章

## 我们了解的宇宙！

### 最新宇宙论

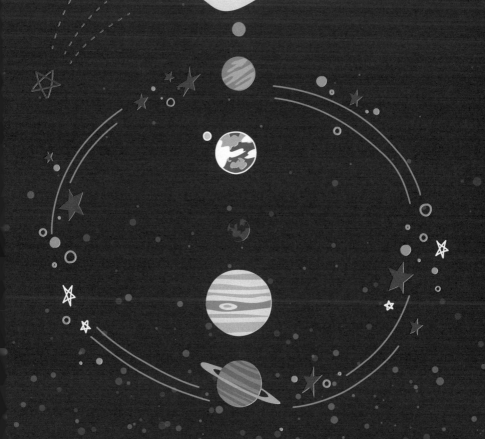

# 43 宇宙到底是由什么构成的？

## 一般物质只占 4%，剩下的 96% 都是未知成分

我们通过肉眼或者望远镜看到的宇宙，仅仅是由质子或中子等一般物质组成的部分宇宙。人们认为在宇宙中，除了那些一般物质外，还存在着一些人眼看不到的物质或力量。这是因为，如果宇宙只由一般物质构成，那么这些物质的引力还不足以让星系高速旋转，从而将周围的行星或微行星吸引过来。揭开这个谜团的是美国天文学家薇拉·鲁宾。

1983 年，薇拉·鲁宾对恒星的公转速度与公转轨道半径之间的关系进行了研究。她发现，无论是在哪个星系，恒星的公转速度都比理论速度要快，由此发表结论：星系的实际质量比看起来要大，也就是说，宇宙中还存在着许多我们看不见的物质，这些物质支撑着宇宙的基本结构。而且，这些物质的质量是可见物质的 5 倍以上。这种具有质量，可以向周围发出引力作用，但又不能被观测到的谜之物质就叫作暗物质。即便是到了现在，用射电望远镜依然不能直接观测到这些暗物质。但由于暗物质的引力作用会扭曲其背后的天体，所以通过这一点可以间接判断某一位置上是否存在某种巨大的质量。

2018 年，日本国家天文台的研究者成功地让大面积暗物质得到可视化，发现暗物质像网眼一样连接着星系。

# 宇宙的构成要素

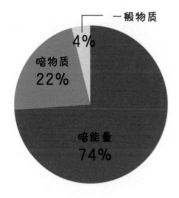

在构成宇宙的要素中，除了基本粒子等一般物质以外，还有暗物质和暗能量（参见第120～121页）。我们所看见的宇宙不过是真实宇宙的冰山一角。

# 暗物质的作用

## ● 星系内部

暗物质拉扯高速旋转的恒星和气体，调节它们的旋转速度，防止它们从星系中飞出去。

## ● 星系团内部

暗物质拉扯靠引力进行运动的星系，防止它们飞出去。

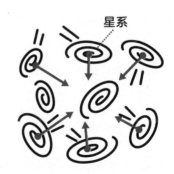

# (44) 宇宙正在加速膨胀，这是真的吗？

## 60 亿年前开始，膨胀就已经在加速

20 世纪 20 年代，宇宙正在加速膨胀这一事实得以验证。美国卡内基天文台的研究员爱德温·哈勃发现，在宇宙中离地球越遥远的星系，它远离地球的速度就越快，由此得知宇宙正在膨胀（哈勃定律）。但在当时，人们普遍认为宇宙持续膨胀是因为受到了大爆炸余波的影响，膨胀终究会减速，最终收缩。

但是，1998 年的一项惊人发现让人们意识到，宇宙的膨胀速度不仅没有变慢，反而在加速。当人们对较远星系中的超新星的亮度进行观测时发现，如果以 60 亿年前为一个分界线，那么在那之前的超新星的亮度高于理论预测值，在那之后的亮度则低于理论预测值。低于预测值意味着恒星远离的速度变快了，也就是膨胀加速了。

这种能够使宇宙膨胀的能量叫作暗能量，人们认为就是它引发了大爆炸，与让宇宙急速膨胀的真空能量是同一种物质。根据各种观测数据可以得出的是，存在的暗能量的量可能是氢和氦等一般物质的 18 倍，暗物质的 3 倍。

关于暗能量，还有很多未解的谜团。不过毋庸置疑的是，暗能量影响着持续膨胀的宇宙的未来。

# 持续膨胀的宇宙的未来

## ● 大撕裂假说

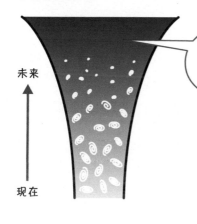

暗能量增加，宇宙持续膨胀，物质被拉伸和撕裂，最终一切都将消失。

当暗能量不断增加，超过了引力时，宇宙就会从那一刻开始加速膨胀，导致连基本粒子都会被拉伸、撕裂，最终宇宙中的一切都将不复存在。

## ● 大坍缩假说

（假设不存在暗能量）

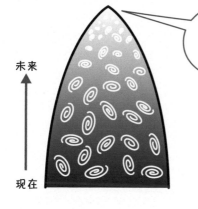

在宇宙的引力作用下不断收缩，最后汇集成一个点。

如果宇宙中的物质密度较大，那么宇宙的膨胀速度就会减慢。最终在自身的引力作用下，宇宙开始收缩，变成一个黑洞。

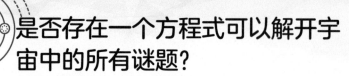

# 45 是否存在一个方程式可以解开宇宙中的所有谜题?

## 爱因斯坦方程式给出了解答

现在的宇宙论是在相对论的基础上建立起来的。相对论是德国的物理学家阿尔伯特·爱因斯坦在 20 世纪初提出的一个物理理论,"当物体以相同的速度进行运动时,它们看起来是相对静止的。"爱因斯坦在相对论中解释了光速、时间和空间之间存在的联系,还证实了引力会扭曲时空。简单总结如下。

①不存在运动速度比光速更快的物体。

②以接近光速的速度进行运动的物体,看起来会很小。

③以接近光速的速度进行运动的物体,它的时间会变慢。

④在较重的物体周围,时间会变慢。

⑤在较重的物体周围,空间会扭曲。

⑥质量与能量是等价的。

现在的宇宙论就是以上面这些理论为基础建立起来的。

爱因斯坦在完成相对论后,发表了"静止宇宙模型"的方程式,即"爱因斯坦方程式"。为了证明自己所相信的"宇宙是静止不变的"这一假说,爱因斯坦在这个方程式里引入了宇宙项。到了 1922 年,亚历山大·弗里德曼解开了爱因斯坦方程式。他发表道,在他的解答中有 3 个点可以证明"宇宙不是不变的"。虽然有些讽刺,但爱因斯坦方程式竟然成了解开这变化无常的宇宙的方程式。

## 爱因斯坦方程式

$$G_{\mu\nu} + \boxed{\Lambda g_{\mu\nu}} = \kappa T_{\mu\nu}$$

**宇宙项**

$\Lambda g_{\mu\nu}$ 为宇宙项，表示的是为了防止宇宙在自身引力下收缩成一个点而存在的相互排斥的作用力（斥力）。爱因斯坦引入宇宙项，对方程式进行了修改，试图证明"宇宙是静止的"。但是如今，暗能量的存在已得到证实，因此它不再被用来表示作用于宇宙的未知能量。

## 弗里德曼的 3 个模型

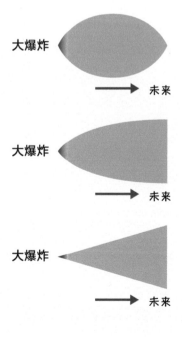

● **封闭的宇宙**

当宇宙中物质的密度较高，引力超过了膨胀的力时，宇宙的膨胀速度就会变慢，最终坍缩。
（大坍缩假说，见第 121 页。）

大爆炸　　→　未来

● **平坦的宇宙**

当宇宙中物质的密度约等于膨胀的力时，膨胀不会停止，宇宙将永远地膨胀下去。

大爆炸　　→　未来

● **打开的宇宙**

当宇宙中物质的密度较低，膨胀的力比引力更强时，宇宙将永无止境地膨胀下去。
（与"封闭的宇宙"正相反。）

大爆炸　　→　未来

# 46 为什么会发生大爆炸？

## 能量的超级膨胀导致了大爆炸

138亿年前，从"无"诞生出来的一个点经过膨胀成了现在的宇宙。"无"中挤满了叫作真空能量的巨大能量，到了现在我们依然认为，这与让宇宙持续膨胀的暗能量是相同的物质。真空能量发生相变后被释放出来，由此引发宇宙膨胀。所谓相变，简单地说就是物质从气态到液态再到固态的变化。以水为例，在水蒸气转化为水的过程中，水蒸气失去热量的同时变成水，而那些失去的热量就会被释放出来，释放出来的就是能量，即相变产生能量。因此，真空能量发生相变时就会释放出大量的能量，使宇宙急剧膨胀，我们称为宇宙暴胀。宇宙暴胀从最初的一个点到发生大爆炸，只需要 $10^{-34}$ 秒。这是100亿亿亿亿分之一秒。那一瞬间的急剧膨胀，就像病毒刹那间扩散到了比星系团还要大的范围。

当暴胀平息后，释放出的热量使宇宙升温，让宇宙变成一颗巨大的火球。这就是宇宙大爆炸。这颗巨大的火球继续膨胀，最终缓慢冷却，生成了夸克、电子、中微子、光子等基本粒子。所以，引发宇宙大爆炸的是我们称为宇宙暴胀的急速膨胀。

# 最新宇宙背景辐射探测卫星捕捉到的
## 来自大爆炸的光

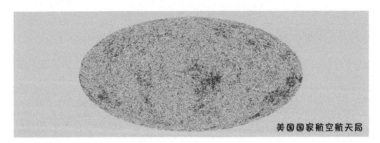

美国国家航空航天局

这张图像由欧洲宇航局发射的普朗克卫星通过高性能太空望远镜拍摄得到。图中是138亿年前发生大爆炸时所残留的光。那个时候是距离大爆炸已过去30万年的宇宙放晴时期（参见第6页），卫星捕捉到的便是来自那个时期的微弱光影。

# 不断进化的宇宙背景辐射探测卫星

下列图像是不断进化的宇宙背景辐射探测卫星。

美国国家航空航天局

### COBE

1989年由美国国家航空航天局发射升空。它的主要任务是观测宇宙微波背景辐射。可以看到，它所拍摄的图像画质不够清晰。

### WMAP

2001年由美国国家航空航天局发射升空，是COBE的升级版。它的主要任务是全天候观测大爆炸后残留的热辐射，即宇宙微波背景辐射的温度。目前依然持续着重要的观测活动。

### Planck

2009年由欧洲宇航局发射升空。于2013年3月21日发布的全天候宇宙微波背景辐射图（上图）比美国国家航空航天局的WMAP观测到的数据更为清晰。根据这张图，人们推测出宇宙的年龄约为138亿年。

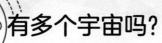

# 47 有多个宇宙吗?

在异次元空间存在着无数个宇宙?

我们在前面说到,经过宇宙暴胀和宇宙大爆炸后诞生了现在的宇宙,但我们需要注意到一个假说,那就是"多重宇宙论"。最早提倡宇宙暴胀理论的东京大学教授佐藤胜彦提倡该理论。

真空能量发生相变(宇宙暴胀)并产生大爆炸后,宇宙初具雏形。但是,相变并非在宇宙的所有地区同时发生,必定是先在某一局部地区开始的。就像水结冰一样,不是所有的水瞬间结成冰,而是一部分水先结冰;宇宙的相变也不是同时发生的,而是局部地区先发生。所以,在相变的过程当中,有些部分已结束相变,而有些部分还在进行着。相变结束后的空间会开始膨胀,而那些还在发生相变的空间就会被落在后面,然而落后的空间其内侧正经历着暴胀带来的急剧膨胀。即便是在膨胀速度较慢的空间里,其内侧也在急剧膨胀。但这真的有可能发生吗?

实际上,这时会产生根据爱因斯坦相对论导出的"虫洞"(从时空的某一点连接其他时空的空间区域),也就是异次元空间。一开始发生暴胀的是母宇宙,在母宇宙的虫洞中形成"子宇宙",在子宇宙中再形成"孙宇宙"。如此一来,宇宙就能重复诞生,无止境地存在下去。

## 多重宇宙参考图

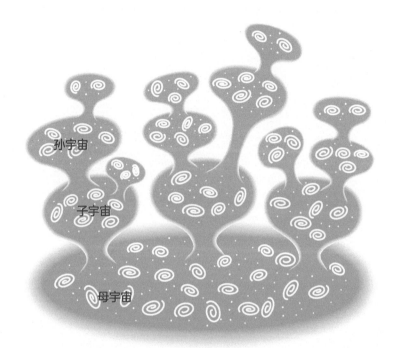

孙宇宙

子宇宙

母宇宙

相变带来宇宙的多重诞生，宇宙将无限地存在下去。但是，在这个过程当中虫洞会断开，所以虫洞中形成的子宇宙和母宇宙之间不存在因果关系。也就是说，两个宇宙互相不知道彼此的存在，它们是两个完全没有关系的宇宙。

**图书在版编目（CIP）数据**

你不可不知的宇宙奥秘 / （日）渡部润一著 ; 康爱馨译. -- 北京 : 人民邮电出版社，2020.4（2022.10重印）
（科学新悦读文丛）
ISBN 978-7-115-52634-2

Ⅰ. ①你… Ⅱ. ①渡… ②康… Ⅲ. ①宇宙—青少年读物 Ⅳ. ①P159-49

中国版本图书馆CIP数据核字(2019)第253889号

&#9830;  著　　　　[日]渡部润一
　　译　　　　康爱馨
　　责任编辑　李　宁
　　责任印制　陈　犇
&#9830; 人民邮电出版社出版发行　　北京市丰台区成寿寺路 11 号
　邮编　100164　　电子邮件　315@ptpress.com.cn
　网址　https://www.ptpress.com.cn
　涿州市京南印刷厂印刷
&#9830;  开本：880×1230　1/32
　印张：4　　　　　　　2020 年 4 月第 1 版
　字数：68 千字　　　　2022 年 10 月河北第 4 次印刷
　　著作权合同登记号　图字：01-2019-3099 号

定价：35.00 元

读者服务热线：(010)81055410　印装质量热线：(010)81055316
反盗版热线：(010)81055315
广告经营许可证：京东市监广登字 20170147 号